"问道·强国之路"丛书　主编——董振华

颜晓峰　谭小琴——著

# 建设科技强国

中国青年出版社

# "问道·强国之路"丛书

## 出版说明

为中国人民谋幸福、为中华民族谋复兴，是中国共产党的初心使命。

中国共产党登上历史舞台之时，面对着国家蒙辱、人民蒙难、文明蒙尘的历史困局，面临着争取民族独立、人民解放和实现国家富强、人民富裕的历史任务。

"蒙辱""蒙难""蒙尘"，根源在于近代中国与工业文明和西方列强相比，落伍、落后、孱弱了，处处陷入被动挨打。

跳出历史困局，最宏伟的目标、最彻底的办法，就是要找到正确道路，实现现代化，让国家繁荣富强起来、民族振兴强大起来、人民富裕强健起来。

"强起来"，是中国共产党初心使命的根本指向，是近代以来全体中华儿女内心深处最强烈的渴望、最光辉的梦想。

从 1921 年红船扬帆启航，经过新民主主义革命、社会主义革命和社会主义建设、改革开放和社会主义现代化建设、中国特色社会主义新时代的百年远征，中国共产党持续推进马克思主义基本原理同中国具体实际相结合、同中华优秀传统文化相结合，在马克思主义中国化理论成果指引下，带领全国各族人民走出了一条救国、建国、富国、强国的正确道路，推动中华民族迎来了从站起来、富起来到强起来的伟大飞跃。

一百年来，从推翻"三座大山"、为开展国家现代化建设创造根本社会条件，在革命时期就提出新民主主义工业化思想，到轰轰烈烈的社会主义工业化实践、"四个现代化"宏伟目标，"三步走"战略构想，"两个一百年"奋斗目标，中国共产党人对建设社会主义现代化强国的孜孜追求一刻也没有停歇。

新思想领航新征程，新时代铸就新伟业。

党的十八大以来，中国特色社会主义进入新时代，全面"强起来"的时代呼唤愈加热切。习近平新时代中国特色社会主义思想立足实现中华民族伟大复兴战略全局和世界百年未有之大变局，深刻回答了新时代建设什么样的社会主义现代化强国、怎样建设社会主义现代化强国等重大时代课题，擘画了建设社会主义现代化强国的宏伟蓝图和光明前景。

从党的十九大报告到党的十九届五中全会通过的《中共中央关于制定国民经济和社会发展第十四个五年规划和二〇三五年远景目标的建议》、党的十九届六中全会通过的《中共中央关于党的百年奋斗重大成就和历史经验的决议》，建设社会主义现代化强国的号角日益嘹亮、目标日益清晰、举措日益坚实。在以习近平同志为核心的党中央的宏伟擘画中，"人才强国"、"制造强国"、"科技强国"、"质量强国"、"航天强国"、"网络强国"、"交通强国"、"海洋强国"、"贸易强国"、"文化强国"、"体育强国"、"教育强国",以及"平安中国"、"美丽中国"、"数字中国"、"法治中国"、"健康中国"等,一个个强国目标接踵而至,一个个美好愿景深入人心,一个个扎实部署深入推进,推动各个领域的强国建设按下了快进键、迎来了新高潮。

"强起来",已经从历史深处的呼唤,发展成为我们这个时代的最高昂旋律;"强国建设",就是我们这个时代的最突出使命。为回应时代关切,2021年3月,我社发起并组织策划出版大型通俗理论读物——"问道·强国之路"丛书,围绕"强国建设"主题,系统集中进行梳理、诠释、展望,帮助引导大众特别是广大青年学习贯彻习近平新时代中国特色社会主义思想,踊跃投身社会主义现代化强国建设伟大实践,谱写壮美新时代之歌。

"问道·强国之路"丛书共17册,分别围绕党的十九大报告等党的重要文献提到的前述17个强国目标展开。

丛书以习近平新时代中国特色社会主义思想为指导,聚焦新时代建设什么样的社会主义现代化强国、怎样建设社会主义现代化强国,结合各领域实际,总结历史做法,借鉴国际经验,展现伟大成就,描绘光明前景,提出对策建议,具有重要的理论价值、宣传价值、出版价值和实践参考价值。

丛书突出通俗理论读物定位,注重政治性、理论性、宣传性、专业性、通俗性的统一。

丛书由中央党校哲学教研部副主任董振华教授担任主编,红旗文稿杂志社社长顾保国担任总审稿。各分册编写团队阵容权威齐整、组织有力，既有来自高校、研究机构的权威专家学者，也有来自部委相关部门的政策制定者、推动者和一线研究团队；既有建树卓著的资深理论工作者，也有实力雄厚的中青年专家。他们以高度的责任、热情和专业水准，不辞辛劳，只争朝夕，潜心创作，反复打磨，奉献出精品力作。

在共青团中央及有关部门的指导和支持下，经过各方一年多的共同努力，丛书于近期出版发行。

在此，向所有对本丛书给予关心、予以指导、参与创作和编辑出版的领导、专家和同志们诚挚致谢！

让我们深入学习贯彻习近平新时代中国特色社会主义思想，牢记初心使命，盯紧强国目标，奋发勇毅前行，以实际行动和优异成绩迎接党的二十大胜利召开！

中国青年出版社

2022年3月

"问道·强国之路"丛书总序：

沿着中国道路，阔步走向社会主义现代化强国

　　实现中华民族伟大复兴，就是中华民族近代以来最伟大的梦想。党的十九大提出到 2020 年全面建成小康社会，到 2035 年基本实现社会主义现代化，到本世纪中叶把我国建设成为富强民主文明和谐美丽的社会主义现代化强国。在中国这样一个十几亿人口的农业国家如何实现现代化、建成现代化强国，这是一项人类历史上前所未有的伟大事业，也是世界历史上从来没有遇到过的难题，中国共产党团结带领伟大的中国人民正在谱写着人类历史上的宏伟史诗。习近平总书记在庆祝改革开放 40 周年大会上指出："建成社会主义现代化强国，实现中华民族伟大复兴，是一场接力跑，我们要一棒接着一棒跑下去，每一代人都要为下一代人跑出一个好成绩。"只有回看走过的路、比较别人的路、远眺前行的路，我们才能够弄清楚我

们为什么要出发、我们在哪里、我们要往哪里去，我们也才不会迷失远航的方向和道路。"他山之石，可以攻玉。"在建设社会主义现代化强国的历史进程中，我们理性分析借鉴世界强国的历史经验教训，清醒认识我们的历史方位和既有条件的利弊，问道强国之路，从而尊道贵德，才能让中华民族伟大复兴的中国道路越走越宽广。

一、历经革命、建设、改革，我们坚持走自己的路，开辟了一条走向伟大复兴的中国道路，吹响了走向社会主义现代化强国的时代号角。

党的十九大报告指出："改革开放之初，我们党发出了走自己的路、建设中国特色社会主义的伟大号召。从那时以来，我们党团结带领全国各族人民不懈奋斗，推动我国经济实力、科技实力、国防实力、综合国力进入世界前列，推动我国国际地位实现前所未有的提升，党的面貌、国家的面貌、人民的面貌、军队的面貌、中华民族的面貌发生了前所未有的变化，中华民族正以崭新姿态屹立于世界的东方。"中国特色社会主义所取得的辉煌成就，为中华民族伟大复兴奠定了坚实的基础，中国特色社会主义进入了新时代。这意味着中国特色社会主义道路、理论、制度、文化不断发展，拓展了发展中国家走向现代化的途径，给世界上那些既希望加快发展又希望保持自身独立性的国家和民族提供了全新选择，为解决人类问题贡献了中国智慧和中国方案，同时也昭示着中华民族伟大复兴的美好前景。

新中国成立70多年来，我们党领导人民创造了世所罕见的经济快速发展奇迹和社会长期稳定奇迹，以无可辩驳的事实宣示了中国道路具有独特优势，是实现伟大梦想的光明大道。习近平总书记在《关于〈中共中央关于制定国民经济和社会发展第十四个五年规划和二〇三五年远景目标的建议〉的说明》中指出："我国有独特的政治优势、制度优势、发展优势和机遇优势，经济社会发展依然有诸多有利条件，我们完全有信心、有底气、有能力谱写'两大奇迹'新篇章。"但是，中华民族伟大复兴绝不是轻轻松松、敲锣打鼓就能实现的，全党必须准备付出更为艰巨、更为艰苦的努力。

过去成功并不意味着未来一定成功。如果我们不能找到中国道路成功背后的"所以然"，那么，即使我们实践上确实取得了巨大成功，这个成功也可能会是偶然的。怎么保证这个成功是必然的，持续下去走向未来？关键在于能够发现背后的必然性，即找到规律性，也就是在纷繁复杂的现象背后找到中国道路的成功之"道"。只有"问道"，方能"悟道"，而后"明道"，也才能够从心所欲不逾矩而"行道"。只有找到了中国道路和中国方案背后的中国智慧，我们才能够明白哪些是根本的因素必须坚持，哪些是偶然的因素可以变通，这样我们才能够确保中国道路走得更宽更远，取得更大的成就，其他国家和民族的现代化道路才可以从中国道路中获得智慧和启示。唯有如此，中国道路才具有普遍意义和世界意义。

二、世界历史沧桑巨变，照抄照搬资本主义实现强国是没有出路的，我们必须走出中国式现代化道路。

现代化是18世纪以来的世界潮流，体现了社会发展和人类文明的深刻变化。但是，正如马克思早就向我们揭示的，资本主义自我调整和扩张的过程不仅是各种矛盾和困境丛生的过程，也是逐渐丧失其生命力的过程。肇始于西方的、资本主导下的工业化和现代化在创造了丰富的物质财富的同时，也拉大了贫富差距，引发了环境问题，失落了精神家园。而纵观当今世界，资本主义主导的国际政治经济体系弊端丛生，中国之治与西方乱象形成鲜明对比。照抄照搬西方道路，不仅在道义上是和全人类共同价值相悖的，而且在现实上是根本走不通的邪路。

社会主义是作为对资本主义的超越而存在的，其得以成立和得以存在的价值和理由，就是要在解放和发展生产力的基础上，消灭剥削，消除两极分化，最终实现共同富裕。中国共产党领导的社会主义现代化，始终把维护好、发展好人民的根本利益作为一切工作的出发点，让人民共享现代化成果。事实雄辩地证明，社会主义现代化建设不仅造福全体中国人民，而且对促进地区繁荣、增进各国人民福祉将发挥积极的推动作用。历史和实践充分证明，中国特色社会主义不仅引领世界社会主义走出了苏东剧变导致的低谷，而且重塑了社会主义与资本主义的关系，创新和发展了科学社会主义理论，用实践证明了马克思主义并没有过时，依然显示出科学思想的伟力，对世界社会主义发展具有深远历史意义。

从现代化道路的生成规律来看，虽然不同的民族和国家在谋求现代化的进程中存在着共性的一面，但由于各个民族和国家存在着诸多差异，从而在道路选择上也必定存在诸多差异。习近平总书记指出："世界上没有放之四海而皆准的具体发展模式，也没有一成不变的发展道路。历史条件的多样性，决定了各国选择发展道路的多样性。"中国道路的成功向世界表明，人类的现代化道路是多元的而不是一元的，它拓展了人类现代化的道路，极大地激发了广大发展中国家"走自己道路"的信心。

三、中国式现代化遵循发展的规律性，蕴含着发展的实践辩证法，是全面发展的现代化。

中国道路所遵循的发展理念，在总结发展的历史经验、批判吸收传统发展理论的基础上，对"什么是发展"问题进行了本质追问，从真理维度深刻揭示了发展的规律性。发展本质上是指前进的变化，即事物从一种旧质态转变为新质态，从低级到高级、从无序到有序、从简单到复杂的上升运动。在发展理论中，"发展"本质上是指一个国家或地区由相对落后的不发达状态向相对先进的发达状态的过渡和转变，或者由发达状态向更加发达状态的过渡和转变，其内容包括经济、政治、社会、科技、文化、教育以及人自身等多方面的发展，是一个动态的、全面的社会转型和进步过程。发展不是一个简单的增长过程，而是一个在遵循自然规律、经济规律和社会规律基础上，通过结构优化实现的质的飞跃。

发展问题表现形式多种多样，例如人与自然关系的紧张、贫富差距过大、经济社会发展失衡、社会政治动荡等，但就其实质而言都是人类不断增长的需要与现实资源的稀缺性之间的矛盾的外化。我们解决发展问题，不可能通过片面地压抑和控制人类的需要这样的方式来实现，而只能通过不断创造和提供新的资源以满足不断增长的人类需要的路径来实现，这种解决发展问题的根本途径就是创新。改革开放四十多年来，我们正是因为遵循经济发展规律，实施创新驱动发展战略，积极转变发展方式、优化经济结构、转换增长动力，积极扩大内需，实施区域协调发展战略，实施乡村振兴战略，坚决打好防范化解重大风险、精准脱贫、污染防治的攻坚战，才不断推动中国经济更高质量、更有效率、更加公平、更可持续地发展。

发展本质上是一个遵循社会规律、不断优化结构、实现协调发展的过程。协调既是发展手段又是发展目标，同时还是评价发展的标准和尺度，是发展两点论和重点论的统一，是发展平衡和不平衡的统一，是发展短板和潜力的统一。坚持协调发展，学会"弹钢琴"，增强发展的整体性、协调性，这是我国经济社会发展必须要遵循的基本原则和基本规律。改革开放四十多年来，正是因为我们遵循社会发展规律，推动经济、政治、文化、社会、生态协调发展，促进区域、城乡、各个群体共同进步，才能着力解决人民群众所需所急所盼，让人民共享经济、政治、文化、社会、生态等各方面发展成果，有更多、更直接、更实在的获得感、幸福感、安全感，不断促进人的全面发展、全体人民共同富裕。

人类社会发展活动必须尊重自然、顺应自然、保护自然，遵循自然发展规律，否则就会遭到大自然的报复。生态环境没有替代品，用之不觉，失之难存。环境就是民生，青山就是美丽，蓝天也是幸福，绿水青山就是金山银山；保护环境就是保护生产力，改善环境就是发展生产力。正是遵循自然规律，我们始终坚持保护环境和节约资源，坚持推进生态文明建设，生态文明制度体系加快形成，主体功能区制度逐步健全，节能减排取得重大进展，重大生态保护和修复工程进展顺利，生态环境治理明显加强，积极参与和引导应对气候变化国际合作，中国人民生于斯、长于斯的家园更加美丽宜人。

正是基于对发展规律的遵循，中国人民沿着中国道路不断推动科学发展，创造了辉煌的中国奇迹。正如习近平总书记在庆祝改革开放40周年大会上的讲话中所指出的："40年春风化雨、春华秋实，改革开放极大改变了中国的面貌、中华民族的面貌、中国人民的面貌、中国共产党的面貌。中华民族迎来了从站起来、富起来到强起来的伟大飞跃！中国特色社会主义迎来了从创立、发展到完善的伟大飞跃！中国人民迎来了从温饱不足到小康富裕的伟大飞跃！中华民族正以崭新姿态屹立于世界的东方！"

有人曾经认为，西方文明是世界上最好的文明，西方的现代化道路是唯一可行的发展"范式"，西方的民主制度是唯一科学的政治模式。但是，经济持续快速发展、人民生活水平不断提高、综合国力大幅提升的"中国道路"，充分揭开了这些违背唯物辩证法"独断论"的迷雾。正如习近平总书记在庆祝改革开放40周年大会上的讲话中所指出的："在中国这样一个有着5000多年文明史、13亿多人口的大国推进改革发展，没有可以奉为金科玉律的教科书，也没有可以对中国人民颐指气使的教师爷。鲁迅先生说过：'什么是路？就是从没路的地方践踏出来的，从只有荆棘的地方开辟出来的。'"我们正是因为始终坚持解放思想、实事求是、与时俱进、求真务实，坚持马克思主义指导地位不动摇，坚持科学社会主义基本原则不动摇，勇敢推进理论创新、实践创新、制度创新、文化创新以及各方面创新，才不断赋予中国特色社会主义以鲜明的实践特色、理论特色、民族特色、时代特色，形成了中国特色社会主义道路、理论、制度、文化，以不可辩驳的事实彰显了科学社会主义的鲜活生命力，社会主义的伟大旗帜始终在中国大地上高高飘扬！

四、中国式现代化是根植于中国文化传统的现代化，从根本上反对国强必霸的逻辑，向人类展示了中国智慧的世界历史意义。

《周易》有言："形而上者谓之道，形而下者谓之器。"每一个国家和民族的历史文化传统不同，面临的形势和任务不同，人民的需要和要求不同，他们谋求发展造福人民的具体路径当然可以不同，也必然不同。中国式现代化道路的开辟充分汲取了中国传统文化的智慧，给世界提供了中国气派和中国风格的思维方式，彰显了中国之"道"。

中国传统文化主张求同存异的和谐发展理念，认为万物相辅相成、相生相克、和实生物。《周易》有言："生生之谓易。"正是在阴阳对立和转化的过程中，世界上的万事万物才能够生生不息。《国语·郑语》中史伯说："夫和实生物，同则不继。以他平他谓之和，故能丰长而物归之；若以同裨同，尽乃弃矣。"《黄帝内经素问集注》指出："故发长也，按阴阳之道。孤阳不生，独阴不长。阴中有阳，阳中有阴。"二程（程颢、程颐）认为，对立之间存在着此消彼长的关系，对立双方是相互影响的。"万物莫不有对，一阴一阳，一善一恶，阳长而阴消，善增而恶减。"他们认为"消长相因，天之理也。""理必有对待，生生之本也。"正是在相互对立的两个方面相生相克、此消彼长的交互作用中，万事万物得以生成和毁灭，不断地生长和变化。这些思维理念在中国道路中也得到了充分的体现。中国道路主张合作共赢，共同发展才是真的发展，中国在发展过程中始终坚持互惠互利的原则，欢迎其他国家搭乘中国发展的"便车"。中国道路主张文明交流，一花独放不是春，世界正是因多彩而美丽，中国在国际舞台上坚持文明平等交流互鉴，反对"文明冲突"，提倡和而不同、兼收并蓄的理念，致力于世界不同文明之间的沟通对话。

中国传统文化主张世界大同的和谐理念，主张建设各美其美的和谐世界。为世界谋大同，深深植根于中华民族优秀传统文化之中，凝聚了几千年来中华民族追求大同社会的理想。不同的历史时期，人们都从不同的意义上对大同社会的理想图景进行过描绘。从《礼记》提出"天下为公，选贤与能，讲信修睦。故人不独亲其亲，不独子其子。使老有所终，壮有所用，幼有所长，鳏寡孤独废疾者皆有所养"的社会大同之梦，到陶渊明在《桃花源记》中描述的"黄发垂髫，并怡然自乐"的平静自得的生活场景，再到康有为《大同书》中提出的"大同"理想，以及孙中山发出的"天下为公"的呐喊，一代又一代的中国人，不管社会如何进步，文化如何发展，骨子里永恒不变的就是对大同世界的追求。习近平总书记强调："世界大同，和合共生，这些都是中国几千年文明一直秉持的理念。"这一论述充分体现了中华传统文化中的"天下情怀"。"天下情怀"一方面体现为"以和为贵"，中国自古就崇尚和平、反对战争，主张各国家、各民族和睦共处，在尊重文明多样性的基础上推动文明交流互鉴。另一方面则体现为合作共赢，中国从不主张非此即彼的零和博弈，始终倡导兼容并蓄的理念，我们希望世界各国能够携起手来共同应对全球挑战，希望通过汇聚大家的力量为解决全球性问题作出更多积极的贡献。

中国有世界观，世界也有中国观。一个拥有5000多年璀璨文明的东方古国，沿着社会主义道路一路前行，这注定是改变历史、创造未来的非凡历程。以历史的长时段看，中国的发展是一项属于全人类的进步事业，也终将为更多人所理解与支持。世界好，中国才能好。中国好，世界才更好。中国共产党是为中国人民谋幸福的党，也是为人类进步事业而奋斗的党，我们所做的一切就是为中国人民谋幸福、为中华民族谋复兴、为人类谋和平与发展。中国共产党的初心和使命，不仅是为中国人民谋幸福，为中华民族谋复兴，而且还包含为世界人民谋大同。为世界人民谋大同是为中国人民谋幸福和为中华民族谋复兴的逻辑必然，既体现了中国共产党关注世界发展和人类事业进步的天下情怀，也体现了中国共产党致力于实现"全人类解放"的崇高的共产主义远大理想，以及立志于推动构建"人类命运共同体"的使命担当和博大胸襟。

中华民族拥有在5000多年历史演进中形成的灿烂文明，中国共产党拥有百年奋斗实践和70多年执政兴国经验，我们积极学习借鉴人类文明的一切有益成果，欢迎一切有益的建议和善意的批评，但我们绝不接受"教师爷"般颐指气使的说教！揭示中国道路的成功密码，就是问"道"中国道路，也就是挖掘中国道路之中蕴含的中国智慧。吸收借鉴其他现代化强国的兴衰成败的经验教训，也就是问"道"强国之路的一般规律和基本原则。这个"道"不是一个具体的手段、具体的方法和具体的方略，而是可以为每个国家和民族选择"行道"之"器"提供必须要坚守的价值和基本原则。这个"道"是具有共通性的普遍智慧，可以启发其他国家和民族据此选择适合自己的发展道路，因而它具有世界意义。

路漫漫其修远兮，吾将上下而求索。"为天地立心，为生民立命，为往圣继绝学，为万世开太平"，是一切有理想、有抱负的哲学社会科学工作者都应该担负起的历史赋予的光荣使命。问道强国之路，为实现社会主义现代化强国提供智慧指引，是党的理论工作者义不容辞的社会责任。红旗文稿杂志社社长顾保国、中国青年出版社总编辑陈章乐在中央党校学习期间，深深沉思于问道强国之路这一"国之大者"，我也对此问题甚为关注，我们三人共同商定联合邀请国内相关领域权威专家一起"问道"。在中国青年出版社皮钧社长等的鼎力支持和领导组织下，经过各位专家学者和编辑一年的艰辛努力，几易其稿。这套丛书凝聚着每一位同仁不懈奋斗的辛勤汗水、殚精竭虑的深思智慧和饱含深情的热切厚望，终于像腹中婴儿一样怀着对未来的希望呱呱坠地。我们希望在强国路上，能够为中华民族的伟大复兴奉献绵薄之力。我们坚信，中国共产党和中国人民将在自己选择的道路上昂首阔步走下去，始终会把中国发展进步的命运牢牢掌握在自己手中！

是为序！

董振华

2022年3月于中央党校

## 第4章 单丝不线,孤掌难鸣
### ——为建设世界科技强国汇聚磅礴力量

## 第5章 积力之所举,则无不胜也
### ——充分发挥中国特色社会主义制度优势

## 第6章 创新之道,唯在得人
### ——夯实科技强国的人才基础

# 序　言

科技创新是提高社会生产力和综合国力的战略支撑。

在革命、建设和改革的每一个时期，中国都十分重视科学技术的发展。从革命时期高度重视知识分子工作，到新中国成立后吹响"向科学进军"的号角，再到改革开放时期提出"科学技术是第一生产力"的论断；21世纪以后，从深入实施知识创新工程、科教兴国战略、人才强国战略以大力推进创新型国家建设，到党的十八大之后全面实施创新驱动发展战略以建设世界科技强国，科学技术在实现中国梦的伟大进程中发挥了关键作用。在中国共产党的领导下，我们探索出了一条具有中国特色的科技创新之路。

党的十九大以来，党中央深刻剖析了全球科技创新趋势，深入分析了国内外科技发展形势，面对我国科技事业发展中的严峻挑战和重大问题，党中央始终把科技创新放在我国整体发展的核心位置，对发展科技创新事业进行了全面部署。在全党全国各族人民的共同努力下，我国重大科技创新成果不断涌现，已经成为世界上具有重要影响力的科技大国，科技实力正从量的积累迈向质的飞跃，从点的突破迈向系统能力提升，一些前沿领域开始进入并跑、领跑阶段，目前，我国正力争在更多领域实现由"跟跑"变为"并跑"，甚至"领跑"，全面实现从"三跑并存，跟跑为主"到"三跑并存，并跑领跑为主"的重大转变。站在"两个一百年"奋斗目标的重要历史交汇点上，我国踏上了加快实现科技自立自强、建设世界科技强国的伟大征程。我们的任务艰巨而光荣。

为了推动习近平新时代中国特色社会主义思想进教材、进课堂、进头脑，帮助人们加深对建设世界科技强国、实施创新驱动发展战略的认识，把思想和行动有效地统一到党中央的决策和部署中，凝聚开启全面建设社会主义现代化国家的新征程、向第二个百年奋斗目标进军的强大力量，我们编写了这本《建设科技强国》。

本书以习近平新时代中国特色社会主义思想为指导，着眼于新时期我国科学技术的实际发展，梳理出科技强国建设的九个重要问题，力求理论观点正确、语言平实易懂、文风清新简洁。在内容上，不仅展示了重大科技成果和科技之美，还讲述了成果背后的奋斗故事和精神力量；在形式上，融文字、图表等于一体，希望最大限度地给读者更加美好的阅读体验，并将其转化成一种深邃而磅礴的强国力量。本书可以指导干部群众、青少年学生进行理论学习，亦可作为开展形势政策教育的辅导读物。

第 1 章

# 科技兴则民族兴，科技强则国家强

## ——中国距离科技强国有多远

中国要强盛、要复兴，就一定要大力发展科学技术，努力成为世界主要科学中心和创新高地。我们比历史上任何时期都更接近中华民族伟大复兴的目标，我们比历史上任何时期都更需要建设世界科技强国！

——习近平总书记在中国科学院第十九次院士大会、中国工程院第十四次院士大会上的讲话（2018年5月28日）

历史在不断地证明,科学技术是人类文明进步的阶梯。近代以来的每一次科学技术革命,都会引发产业革命,甚至是世界格局的重大调整。因此,中国要富强、中华民族要复兴、中国人民要过上更好的生活,就必须加快科学技术的发展步伐。新中国成立七十多年以来,我国科研人员把"实现国家富强、民族振兴、人民幸福"作为自己不变的初心和使命,坚持探索中国特色自主创新道路,齐心协力攻克一项又一项关键核心技术、破解一个又一个科技发展难题,"我国科技事业实现了历史性、整体性、格局性重大变化,为经济社会发展作出了重大贡献"[1],这也为我国加快建设世界科技强国奠定了坚实的科技和物质基础。

## 一、科学技术是国之利器

"科技是国之利器,国家赖之以强,企业赖之以赢,人民生活赖之以好。中国要强,中国人民生活要好,必须有强大科技。"[2]我国的科技事业在中国共产党的领导下,走出了一条具有本国特色的科技创新之路。在全社会的共同努力之下,重大创新成果不断涌现,极大地改变了我国人民的生产方式和生活方式。

---

1.白春礼:《为建设科技强国打下坚实基础》,载《人民日报》,2019年7月10日第9版。
2.习近平:《为建设世界科技强国而奋斗——在全国科技创新大会、两院院士大会、中国科协第九次全国代表大会上的讲话》(2016年5月30日),北京:人民出版社2016年版,第6页。

（一）国家赖之以强

科技决定国力，科技改变国运。如今的世界是难以预测的世界，也是一个以科学和技术为导向的世界，科技实力已经成为大国崛起的重要支撑。"近代以来，西方国家之所以能称雄世界，一个重要原因就是掌握了高端科技"[1]，"那些抓住科技革命机遇走向现代化的国家，都是科学基础雄厚的国家；那些抓住科技革命机遇成为世界强国的国家，都是在重要科技领域处于领先行列的国家。"[2]由此可见，大力发展科学技术才是强国的王道。

1.科学技术是第一生产力

社会生产力表征着人类认识自然和改造自然的能力大小。科学技术一旦渗入生产生活并在其中发挥作用，就可以变成直接的、现实的生产力。现代科学技术的发展特点和现状都在表明：科学技术，尤其是高新技术，正在全面介入人类的生产实践活动，并以越来越大的加速度全面渗透到生产力的各个要素中。鉴于此，习近平总书记强调指出："从发展上看，主导国家命运的决定性因素是社会生产力发展和劳动生产率提高，只有不断推进科技创新，不断解放和发展社会生产力，不断提高劳动生产率，才能实现经济社会持续健康发展。"[3]

---

1.中共中央文献研究室编：《习近平关于科技创新论述摘编》，北京：中央文献出版社2016年版，第39、40页。
2.习近平：《为建设世界科技强国而奋斗——在全国科技创新大会、两院院士大会、中国科协第九次全国代表大会上的讲话》（2016年5月30日），北京：人民出版社2016年版，第7页。
3.中共中央文献研究室编：《习近平关于科技创新论述摘编》，北京：中央文献出版社2016年版，第30页。

2.科技创新是核心竞争力

从本质上看，如今的国际竞争是一场以科技创新能力为核心的竞争。在这场竞争中，很多国家为了提高本国的竞争力都选择将科技创新作为提高竞争力的有力手段，并由此引发了一场激烈的全球科技创新竞赛。放眼世界，科技创新已经成为各国提高综合国力的关键支撑，成为改变社会生产方式和生活方式的强大引擎。"谁牵住了科技创新这个'牛鼻子'，谁走好了科技创新这步先手棋，谁就能占领先机、赢得优势。"[1]科技发展的历史充分证明了这一点。

3.科技创新确保国家安全

科技创新不仅是提高社会生产力和综合国力的重要支撑，也是确保国家安全、人民安康的关键所在。邓小平曾经指出："过去也好，今天也好，将来也好，中国必须发展自己的高科技，在世界高科技领域占有一席之地。如果六十年代以来中国没有原子弹、氢弹，没有发射卫星，中国就不能叫有重要影响的大国，就没有现在这样的国际地位。这些东西反映一个民族的能力，也是一个民族、一个国家兴旺发达的标志。"[2]今天的国家安全内涵已经变得更加丰富，其范围已经扩展到生物、网络等新领域，如果没有高科技的有力支撑，则国无宁日。

4.科技是国家强盛之基

科技创新能力是硬实力，决定着一个国家的政治经济实力。

---

1.中共中央文献研究室编:《习近平关于科技创新论述摘编》，北京：中央文献出版社2016年版，第26页。
2.邓小平:《邓小平文选》（第三卷），北京：人民出版社1993年版，第279页。

"自古以来，科学技术就以一种不可逆转、不可抗拒的力量推动着人类社会向前发展。16世纪以来，世界发生了多次科技革命，每一次都深刻影响了世界力量格局。从某种意义上说，科技实力决定着世界政治经济力量对比的变化，也决定着各国各民族的前途命运。"[1]

## （二）企业赖之以赢

科技决定市场，市场改变企业。"一个地方、一个企业，要突破发展瓶颈、解决深层次矛盾和问题，根本出路在于创新，关键要靠科技力量。"[2]创新是引领企业发展方向的主要动力，科技则是支撑企业做大做强的关键力量。管理方式要靠创新来改变，管理效率要靠科技来提高；经营范围要靠创新来拓展，经营理念要靠科技来更新；产品内容要靠创新来延续，产品质量要靠科技来争优。企业的科技创新能力已经成为企业提高适应市场能力、提高参与市场竞争能力和发展壮大能力的关键所在，是企业综合实力的重要支撑。因此，习近平总书记指出："要制定和落实鼓励企业技术创新各项政策，强化企业创新倒逼机制，加强对中小企业技术创新支持力度，推动流通环节改革和反垄断反不正当竞争，引导企业加快发展研发力量。"[3]

1.习近平：《在中国科学院第十七次院士大会、中国工程院第十二次院士大会上的讲话》（2014年6月9日），北京：人民出版社2014年版，第3页。
2.中共中央文献研究室编：《习近平关于科技创新论述摘编》，北京：中央文献出版社2016年版，第3页。
3.习近平：《为建设世界科技强国而奋斗——在全国科技创新大会、两院院士大会、中国科协第九次全国代表大会上的讲话》（2016年5月30日），北京：人民出版社2016年版，第15页。

### （三）人民生活赖之以好

科技改变人类，创新改善生活。综观整个人类社会发展史，人类的生存状况与生产力的发展水平息息相关，但是，社会生产力的发展水平主要取决于科技事业的发展水平。科技创新驱动着历史车轮滚滚向前，加速了人类的发展进程，为人类文明进步提供了不竭的动力。推动人类从蒙昧走向文明，从游牧文明走向农业文明，再从农业文明走向工业文明，又从工业文明走向生态文明。

1.科技创新可以不断满足人民新的生活需要

随着人民收入水平的不断提高，人民对美好生活的向往与日俱增，人民的需求也越来越多样化，现有的产品已经难以满足人民日益增长的美好生活需要。只有通过不断的科技创新，及时根据新需求推出新产品，才能不断满足人民的新需要，才能让人民过上越来越好的日子。

| 知识链接 |

"黑科技"究竟是什么"黑"？

现在，即使是"高科技"这个词似乎也已经过时了，在大家的日常使用词汇中，"黑科技"已经成为"新宠"。那么，"黑科技"中的"黑"，到底是什么"黑"？

"黑科技"一词最初源于日本动漫《全金属狂潮》，是指人类认知范围或现有科学技术水平之外的科技创新及其产品。中文里的"黑科技"一词所指的范围比日语要更加广泛。一方面，它泛指目前难以实现但可能会在未来实现的概念性科学技术；另一方面，它也指已经存在于人类社会但是超越了绝大多数人的认知范畴的高科技及其产品。自从在日语中出现"黑科技"一词之后,"黑科技"的含义从"不可理解和不可实现"转变为"人类可以理解和在未来可以实现",再转变为"已实现或部分实现,超出普通人认知范畴与接触范围"。[1]

## 2.科技创新可以不断提高人民的生活质量

随着经济和社会的不断发展,我国14亿多人民越来越渴望过上更加美好的生活。然而,仅仅依靠传统的生产方式是无法做到的。

提高人民生活水平、身体素质和文化素养都取决于科技创新的水平。因此,习近平总书记强调指出:"要依靠科技创新建设低成本、广覆盖、高质量的公共服务体系。要加强普惠和公共科技供给,发展低成本疾病防控和远程医疗技术,实现优质医疗卫生资源普惠共享。"[2]

## 3.科技创新可以不断改善人民的生活环境

科技创新为人们的生活提供了越来越美丽的生态环境。人类社会发展得越快,对环境的要求就越高。然而,环境的改善有赖于科技创新。依靠科技创新建立绿色发展模式以推进绿色生产方式,构建科技含量高、资源消耗低、环境污染少的工艺流程和产业结构,加快发展绿色产业,形成新的经济增长点。与此同时,

---

1.参见张盖伦:《"黑科技"究竟是什么"黑"》,载《科技日报》,2018年5月30日第3版。
2.习近平:《为建设世界科技强国而奋斗——在全国科技创新大会、两院院士大会、中国科协第九次全国代表大会上的讲话》(2016年5月30日),北京:人民出版社2016年版,第13页。

加快推进绿色生活方式，实现生活方式和消费模式向绿色、低碳、文明、健康的方向转变，力戒奢侈浪费和过度消费。

＜拓展阅读＞

中国的新四大发明

众所周知，在中国古代，有造纸术、指南针、火药和印刷术"四大发明"，而在今天的中国，则有高铁、移动支付、共享单车、网络购物"新四大发明"。中国古代的"四大发明"曾经影响了世界，中国现代的"新四大发明"不仅改变了中国人民的生产和生活方式，也让世界各国人民由衷地发出了赞叹。

高铁——震惊世界的"中国速度"。中国的高铁技术处于世界领先水平，具备舒适度高、运量大、覆盖范围广、时速高等显著优点。高铁不仅给人们的生活带来了便利、为中国经济的腾飞助力，而且还作为中国科技实力和经济实力的代表走出了中国的大门，成为今日中国的一张靓丽名片。

移动支付——世界那么大，带着手机走天下。移动支付在中国的普及程度是世界上任何一个国家和地区都无法比拟的，今天的中国人完全可以不必带现金出门。只要一部手机就可以轻而易举地完成任何付款的要求。当然，移动支付的方式也一直在发展变化，指纹支付、声波支付、刷脸支付……种类繁多的支付方式让人们有了更多的支付选择自由。这不仅极大地方便了人们的生活，而且也生动地展现了中国的经济实力和科技创新能力。

共享单车——城市出行的第三大方式。共享单车的快速普及，不仅很好地方便了人们的生活，而且极大地减少了碳排放量，对环境保护具有显著作用。五颜六色、款式多样的共享单车既体现了人们生活观念的转变，也彰显了现代社会服务水平的提高。"共享"理念融入了人们的生活，推动了社会的发展。

网络购物——动动手指就能买遍全世界。如今，人们只需坐在家中动动手指，就可以购买到世界各地的商品。便捷的网购不仅影响了人们的购物方式，也催生了很多电商平台和物流公司。网络购物不仅让消费者拥有了方便快捷的购物体验，也为国家的经济发展作出了巨大贡献。

在"新四大发明"中，除了共享单车之外，高铁、移动支付和网络购物都不能算是中国的原创，但中国却率先把这些发明汇聚在一起进行重新创造。"新四大发明"表明中国的综合国力已经有了很大的提高。

＊全球瞩目（新华社　朱慧卿/作）

科技不仅可以助力中国梦的早日实现，也承载着人们对美好生活的热切向往。"灵心胜造物，巧手夺天工"，一直以来，中国人民都心灵手巧、富有创新的禀赋，我们有理由相信中华民族必定能够在现代全球科技竞赛中取得最终的胜利。

## 二、实现从跟跑向并行、领跑的战略性转变

中国共产党走过了百年光辉历程。党领导人民在我国科技事业一穷二白的基础上艰难起步，一路披荆斩棘、砥砺奋进，为中华民族迎来从站起来、富起来到强起来的伟大飞跃提供了坚实而有力的支撑。一部中国的科学技术发展史就是一部中华民族奋发图强、不畏艰难的顽强拼搏史，也是一部中国的科技事业从跟跑、并跑到部分领域领跑的华丽转变史。

我国无数的科技工作者秉承爱国奉献、顽强拼搏的精神传统，薪火代代相传、勇攀科技高峰，为科技事业的发展贡献了无尽的智慧和力量，在中国共产党的百年发展史中留下了浓墨重彩的一笔，也回答了"我们为什么要发展科学技术、发展什么样的科学技术、怎样发展科学技术"等重大问题。如今，我国在世界科技格局中已经成为具有重要影响力的科技大国，科技实力正从量的积累迈向质的飞跃，从点的突破迈向系统能力提升，一些前沿领域开始进入并跑、领跑阶段，正在凝心聚力迈向建设科技强国的新征程。

我国已经在基础研究和战略高技术领域取得了一批重要成果。广大科研人员"坚持自由探索和目标导向并重，强调'从0到1'的原创导向，在量子信息、铁基超导、干细胞、合成生物

学等方面取得了重要突破。积极抢占尖端技术竞争制高点，在若干战略必争领域实现了'后发先至'。北斗导航卫星全球组网，'嫦娥五号'实现地外天体采样，'天问一号'登陆火星，空间站'天宫'加快建造，'奋斗者号'完成万米载人深潜，川藏铁路稳步建设，500米口径球面射电望远镜等大科学装置建成使用。"[1] 我们跑出了令世人瞩目的科技发展"加速度"，开创了科技发展事业从"一穷二白"走向"繁花似锦"的喜人局面。

| 知识链接 |

1. 研发人员总量

2019年研发人员全时当量480.1万人年，1991年为67.1万人年。

2. 研发经费与GDP之比

1991年达到0.72%；

2002年达到1.23%；

2014年达到2.02%；

2019年达到2.23%。

3. 国家创新能力排名

从2012年的第20位升至2020年的第14位。

4. 国家财政科技支出

2019年，国家财政科技支出10717.4亿元，1980年为64.68亿元。

---

1. 王志刚:《从百年奋斗征程汲取智慧和力量　自觉担当科技自立自强时代使命》，载《光明日报》，2021年6月10日第6版。

5.专利申请

2019年，我国专利申请数为4380468件；1991年，我国受理国内外专利申请50040件。

中国受理的发明专利申请量连续九年位居世界第一，相继实现了年发明专利申请量和发明专利拥有量"两个一百万件"的重大突破。

6.科技进步贡献率

从2005年的43.2%提升至2019年的59.5%。

7.创新创业

2019年，全国高新技术企业达到22.5万家，科技型中小企业超过15.1万家。

资料来源：《光明日报》，2021年6月10日第5版。

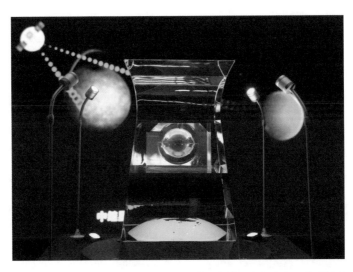

\* 2020年12月17日，嫦娥五号返回器携带月球样品安全着陆，中国探月工程"绕、落、回"三步走规划如期完成，首次实现我国地外天体采样返回。图为在中国国家博物馆展出的月球样品001号。（新华社　金良快/摄）

## 三、形势逼人，挑战逼人，使命逼人

我国已经明确制定了建设科技强国的战略步骤，即到2020
年进入创新型国家行列；到2035年跻身创新型国家前列；到
2050年建成世界科技强国，成为世界主要科学中心和创新高
地。目前，我国正处于从科技大国向科技强国转变的关键时期，
科技发展形势喜忧参半。令人高兴的是，"我国科技整体水平大
幅提升，我们完全有基础、有底气、有信心、有能力抓住新一
轮科技革命和产业革命的机遇，乘势而上，大展宏图"；令人担
忧的是，"目前在世界科技大国的方阵中，美国依然全面领先，
德国、英国等处于第二方阵，我国仍排在10位之后。"[1]必须清
醒地意识到，我们离建成世界科技强国的目标还有一段距离，
道阻且长。从我国科技发展的总体情况来看，在以制造芯片的
光刻机、高端芯片、操作系统、数控制造、核心算法、燃料电
池关键材料、航空发动机短舱等为代表的战略性关键核心技术
领域中，我国尚存明显短板。在这些关键核心技术领域中，我
国仍然面临着受制于人的被动局面，遭受着欧美等西方国家的
强势打压，与发达国家的科技水平相比仍然有较大的差距。中
美贸易战、中兴和华为事件等都表明我国在关键核心技术领域
存在显而易见的"卡脖子"问题。我国发展至今，"不断向科学
技术广度和深度进军"[2]，从而实现科技自立自强，建成世界科技

1.中共中央宣传部理论局编：《新征程面对面——理论热点面对面·2021》，北京：
学习出版社、人民出版社2021年版，第96页。
2.习近平：《在科学家座谈会上的讲话》（2020年9月11日），北京：人民出版社
2020年版，第4页。

强国从来没有像现在这样紧迫，正可谓形势逼人，时不我待。

我们在建设科技强国的过程中面临诸多问题和挑战，例如，"基础研究和原始创新能力存在明显差距，制约着科技创新的整体水平和长远发展；科技创新的整体效率不高，其有效供给能力特别是中高端供给能力不足，关键领域核心技术仍受制于人；创新人才队伍大而不够强，人才发展机制仍需健全和完善；符合科技创新规律的创新治理体系仍需完善；学术生态仍需净化，创新文化尚需厚植；科技创新发展的国际化水平有待提高。"[1]

道虽阻长，行则将至。如今，"我们迎来了世界新一轮科技革命和产业变革同我国转变发展方式的历史性交汇期，既面临着千载难逢的历史机遇，又面临着差距拉大的严峻挑战"，"我国广大科技工作者要把握大势、抢占先机，直面问题、迎难而上，瞄准世界科技前沿，引领科技发展方向，肩负起历史赋予的重任，勇做新时代科技创新的排头兵。"[2]力争在更多领域从"跟跑"转向"并跑"，甚至"领跑"，全面实现从"三跑并存，跟跑为主"到"三跑并存，并跑领跑为主"的重大转变。

从科技发展的现实情况来看，我国要建成世界科技强国，至少还需要过五关，即教育关、思维关、竞争关、信任关和管理关。"第一关是重学习过去、轻创造未来的教育关；第二关是重技术追赶、轻文化精神的思维关；第三关是竞争过度、压力巨大的竞争关；第四关是缺乏信任、'捆手绑脚'的信任关；第

---

1.张柏春、史晓雷：《改革开放以来我国建设科技强国的探索》，载《光明日报》，2018年12月5日第5版。

2.习近平：《习近平谈治国理政》（第三卷），北京：外文出版社2020年版，第246、247页。

五关是'一人生病，全体吃药'的管理关。"[1]总而言之，我们必须淡泊科学研究的功利之心，破除科技管理的短视之障，改变科教过程的浮躁之势，回归科研与教育的本质初心，杜绝好大喜功和虚浮之风，倡导卓绝求实的科学精神，变革简单粗暴的管理模式，重建各方的信任关系，清除禁锢科技创新的藩篱，提高我国劳动者追求卓越品质的意识和专业精神。这应该是我们建成科技强国的前提和基础。

## 四、努力成为世界主要科学中心和创新高地

在以习近平同志为核心的党中央的坚强领导下，从2012年到2022年，我国深入实施创新驱动发展战略，大力建设创新型国家和科技强国，科技事业发生了历史性、整体性、格局性的重大变化，走出了一条从人才强、科技强，到产业强、经济强、国家强的发展道路。

全社会研发投入从2012年的1.03万亿元增长到2021年的2.79万亿元，研发投入强度从1.91%增长到2.44%；企业科技投入力度不断加大，占全社会研发投入的76%以上，企业研发费用加计扣除比例从2012年的50%提升到目前科技型中小企业和制造业企业的100%。全国高新技术企业数量从十多年前的4.9万家，增加到2021年的33万家，研发投入占全国企业投入的70%；上交税额由2012年的0.8万亿元，增加到

---

1.赵宇亮：《建成科技强国 中国还需过五关》，中国科学院、中国工程院编：《百名院士谈建设科技强国》，北京：人民出版社2019年版，第127-131页。

2021年的2.3万亿元。在上海证交所科创板、北京证交所上市的企业中，高新技术企业占比超过90%。[1]

在世界知识产权组织发布的全球创新指数排名中，中国从2012年的第34位上升到2021年的第12位。中国在全球创新版图中的地位和作用发生了新的变化，既是国际前沿创新的重要参与者，也是共同解决全球性问题的重要贡献者。

创新要素规模的迅速扩大为创新质量的提高奠定了良好基础。当前，我国各类创新主体的创新活力正在竞相迸发。中国科学院连续八年位居自然指数年度榜单之首，并且在物理、化学、地球和环境科学这三个学科领域的成果产出量均居世界首位，彰显了高质量的科研产出能力。在全球研发投入2500强企业榜单中，我国有438家企业入围，华为、腾讯和小米三家大陆企业入选科睿唯安《德温特2020年度全球百强创新机构》，显示出高质量的企业创新水平。[2]

如今的中国，高速铁路和高速公路营业里程均居世界第一位，一日千里的梦想已然实现；以5G为代表的新一代信息技术成为家庭标配，网民规模亦居世界第一位；交通、水利、能源、通信、网络覆盖之广和通达之深，令世人惊叹……如今，在中国热门的许多移动应用在世界其他地方实现本土化，让当地民众体验到了来自中国的"互联网＋"智慧。

2020年，中国科技工作者总数达到9100万人，公立高等

---

1.参见赵永新：《我国成功进入创新型国家行列（中国这十年·系列主题新闻发布）》，载《人民日报》，2022年6月7日第2版。
2.参见刘垠：《中国创新质量何以8年稳居中等收入国家首位》，载《科技日报》，2020年9月16日第4版。

院校和科研院所的数量超过3450家。我国国际专利申请量连续两年稳居世界第1位，国际科技论文数量、高被引论文数量均居世界第2位，科技进步贡献率预计超过60%。[1]

\* 2016年9月25日，有着"超级天眼"之称的500米口径球面射电望远镜（FAST）在贵州平塘的喀斯特洼坑中落成启用。（新华社 刘续/摄）

回首过往，我国科技发展成就显著，优势突出。经过长期努力，我国科技事业获得了举世瞩目的成果，形成了"五大优势"[2]。一是基础能力优势。科技发展实现了由原来的全面跟跑

1.参见杨舒、袁于飞：《科技创新：吹响实现高水平科技自立自强的号角》，载《光明日报》，2021年6月10日第5版。
2.刘延东：《实施创新驱动发展战略 为建设世界科技强国而努力奋斗》，载《求是》，2017年第2期。

向跟跑、并跑甚至在一些领域领跑的历史性转变,创建了基础研究、前沿技术、应用开发、重大科研基础设施、重点创新基地等全方位、系统化的科研布局。二是人才规模优势。我国是全球公认的人力资源大国,科技人力资源超过8000万人,全时研发人员总量380万人年,居世界首位,工程师数量占全球的1/4,每年培养的工程师数量相当于美国、欧洲、日本以及印度的总和。这是我国独特的战略资源优势。三是市场空间优势。我国的市场潜力很大,仅仅是移动互联网用户就高达10.3亿,任何一个细分市场都能够支撑起成千上万家企业的发展,即使相对小众的市场也可以提供大量的创新创业机会和需求。四是产业体系优势。我国是全球唯一具有联合国产业分类中所有工业门类的国家,任何一项创新活动都能在我国找到"用武之地"。我国制造业长期积累形成的技术基础为互联网时代制造业的智能化、数字化发展提供了巨大空间。五是体制动员优势。过去我们在研发"两弹一星"时依靠了我国的社会主义制度优势,现在进行科学研究活动仍然要更好地发挥我们的制度优势,积极探索社会主义市场经济条件下的新型举国体制,把各方力量充分调动起来。从上述优势来看,我们对成为世界主要科学中心和创新高地充满信心。征途漫漫,唯有奋斗。让我们砥砺奋进、自信前行,努力创造新的更大奇迹。

# 第 2 章

## 创新决胜未来，改革关乎国运

### ——从科技大国走向科技强国

如果把科技创新比作我国发展的新引擎，那么改革就是点燃这个新引擎必不可少的点火系。我们要采取更加有效的措施完善点火系，把创新驱动的新引擎全速发动起来。

　　——习近平总书记在中国科学院第十七次院士大会、中国工程院第十二次院士大会上的讲话（2014年6月9日）

路径明则前景广。建设世界科技强国既是一项伟大的事业，也是一项系统工程，科学规划清晰的实施路径尤为重要。而要实现这一目标，必须精准把握国家发展需求，全面审视世界科技发展趋势，深入了解现存世界科技强国的发展演进规律，全盘考虑科技体制改革和重大创新领域发展。目前，我国科技创新发展已经进入了关键阶段，如何认识我国科技创新发展与世界科技强国的差距，并深入挖掘我国科技发展潜力，对加快建设创新型国家和科技强国具有非常重要的启示意义。

## 一、世界科技强国的标志

科技强国是指能够引领世界科技发展前沿的国家，能够汇聚全球科技资源要素并将其转化为重大科学成果，进而推动全球经济社会快速发展的国家。[1]一般来说，世界科技强国具有一些基本特征，主要表现在以下几个方面。

第一个方面在于科学与技术，表现在：科研实力在国际上领先，有一批重大科学发现和原始理论创新可以影响世界科学发展进程，并且形成了具有里程碑意义的理论体系和学派；在重要领域实现的多项重大科技突破显著提高了社会生产力水平，从而影响和改变了人类的生产方式和生活方式；一批具有世界影响力的科学大师和技术大师涌现出来，主导和引领着科学技术发展的时代潮流。

---

1.参见柳卸林、马瑞俊迪、刘建华：《中国离科技强国有多远》，载《科学学研究》，2020年第38卷第10期，第1755页。

第二个方面在于经济与产业，表现在：产业领先和经济发展的核心驱动力是科技创新；经济与产业的发展不仅是科技创新的坚实物质基础，也是科技发展的重要动力源。

第三个方面在于教育与人才，表现在：具有先进和完善的教育与人才培养系统；能够吸引和聚集一批国际一流创新人才。

第四个方面在于社会与文化，表现在：在社会中形成了崇尚科学精神、鼓励创新、包容失败的文化环境；形成了引领型的创新战略和组织管理体系；国家创新体系各构成要素得到协调发展；拥有高效保障与开放共享的基础支撑条件。[1]

表1　2017年我国与科技强国主要科技指标对比及我国2035年、2050年主要科技指标目标

| 科技指标 | 中国 | 美国 | 英国 | 德国 | 日本 | 法国 | 中国目标 | |
|---|---|---|---|---|---|---|---|---|
| | 2017年 | | | | | | 2035年 | 2050年 |
| R&D投入强度（%） | 2.1 | 2.7 | 1.7 | 2.9 | 3.1 | 2.2 | 3.5 | 4 |
| 每百位就业人员中的研发人员数量比（%） | 0.218* | 0.914** | 0.919* | 0.919* | 0.996* | 1.012** | 0.4 | 0.5 |
| 高被引（TOP 10%）论文比例（%） | 14.01* | 25.53* | 6.00* | 5.81* | 3.32* | 3.46* | 20 | 25 |
| PCT申请数量（每10亿美元GDP，购买力平价） | 2.1 | 2.9 | 1.9 | 4.6 | 8.9 | 2.8 | 4 | 8 |

---

1.参见中国科学院：《科技强国建设之路：中国与世界》，北京：科学出版社2018年版，第163-168页。

续表

| 科技指标 | 中国 | 美国 | 英国 | 德国 | 日本 | 法国 | 中国目标 | |
|---|---|---|---|---|---|---|---|---|
| | 2017年 | | | | | | 2035年 | 2050年 |
| IP使用费支付占该国全部贸易比（%） | 1.2 | 1.8 | 1.5 | 0.7 | 2.5 | 1.8 | X | Y |
| IP使用费收入占该国全部贸易比（%） | 0.1 | 5.0 | 2.0 | 1.2 | 5.0 | 2.1 | >X | >Y |
| 诺贝尔科学奖项（累计值） | 2 | 172 | 73 | 61 | 14 | 28 | ≥10 | ≥20 |

资料来源：OECD数据库和《2018年全球创新指数》；其中＊为2016年数据；＊＊为2015年数据。PCT（Patent Cooperation Treaty）是指专利合作条约；IP（Intellectual Property）是指知识产权。引自：张志强、田倩飞、陈云伟：《科技强国主要科技指标体系比较研究》，载《中国科学院院刊》，2018年第33卷第10期，第1060页。

从科技大国的指标体系来看，中国已经是科技大国。截至2017年，中国在研究人员数量、科学与工程论文量（SCI & EI论文量）、高科技产业出口额等指标上已经超过美国，研发经费支出仅次于美国，虽然，我国在QS世界大学TOP100排名总分、三方专利量、自然科学类诺贝尔奖获得者人数（含菲尔兹奖）、知识产权使用费接收费用等方面表现得不是很出色，但一直处于上升趋势，我国的科技大国评分由2004年的0.31分上升到2017年的0.98分，评分仅次于美国。然而不可否认，正如表1所示的那样，从科技强国的指标体系来看，中国距离建成世界科技强国还有很长的路要走。中国在百万人口拥有研究人员数量、国内研发总支出占国内生产总值（GDP）的比例、百万人口获三方专利量、百万人口科学与工程论文量等相对指标中还远远落后于美、德、英、法、日等国，我国的科技强国评分截至2017年达到0.32分,而美、德等国的评分都在0.6分以上。

一般来说,一个国家能否成为世界科技强国,可以从科技创新生态系统的角度来评估。[1]第一,从供给的角度来看,一国的科学技术人才储备和科技管理能力是否已经达到了世界最高水平,是否能够不断产生领先世界的科技成果,以及提高产业竞争力的高新技术。第二,从产业发展的引领角度来看,科技强国离不开市场需求的巨大拉动作用,一国是否具有强大的高科技产业需求拉动也非常重要。第三,从政策和基础设施的角度来看,一国的管理机制能否让具有国际领先水平的科技成果不断涌现,是否已经形成了可以促进科学技术繁荣发展所需要的宏观环境。基于上述评估,可以发现我国在从科技大国转向科技强国的进程中,可能会面临的要素或结构的不足,从而比较准确地找到科技政策的作用点、机制改革的着力点。

## 二、科技强国的崛起之路

意、英、法、德、美、日等科技强国发展的历史表明,世界科技强国崛起主要取决于五个关键因素:强大的经济实力;教育体制的创新;科研组织的建制及其发展;雄厚的物质技术基础;唯实求真、开放包容的环境。例如,在第二次世界大战

---

1.参见柳卸林、丁雪辰、高雨辰:《从创新生态系统看中国如何建成世界科技强国》,载《科学学与科学技术管理》,2018年3月第39卷第3期,第4页。

之后，日本依据不同时期提高国家竞争力的需要，先后确立了贸易立国、技术立国、科学技术创造立国、知识产权立国等国家战略，探索出了一条后发国家建成世界科技强国的道路。从整体上看，"世界科技强国所经历的从'经济强国'向'创新强国'，再向'科技强国'的梯次跃进，表明经济强国为建设创新强国奠定了坚实的物质基础，创新强国为建设科技强国奠定了有效的创新体系与丰富的创新人才基础，科技强国是建设的目标，是经济强国可持续的保障。"[1] 简而言之，"世界科技强国崛起受到经济发展、社会进步、人才集聚等多种因素影响，不存在唯一的最优路径。"[2] 虽然，中国在建设世界科技强国的过程中，可以学习借鉴国际上的成功经验，但是，决不能简单模仿或套用照搬，"我们要发挥自身的优势特色，找准突破口，抓住关键问题，扬长避短、趋利避害，走出一条中国特色科技强国之路。"[3]

< 拓展阅读 >

世界科学中心转移现象

世界科学中心转移现象也称作汤浅现象。英国剑桥大学教授贝尔纳（John Desmond Bernal）是一位著名的

---

1. 穆荣平、陈凯华：《建设世界科技强国总体思路与政策取向》，载《军工文化》，2021年第3期，第15页。
2. 穆荣平、樊永刚、文皓：《中国创新发展：迈向世界科技强国之路》，载《中国科学院院刊》，2017年第32卷第5期，第513页。
3. 白春礼：《科学谋划和加快建设世界科技强国》，载《人民日报》，2017年5月31日第7版。

物理学家和科学学家，他在其《历史上的科学》一书中最早提出了这个概念。日本的科学史学家汤浅光朝和中国的科学计量学家赵红州采用计量统计方法，论证了在16世纪到20世纪50年代之间的世界科学中心转移现象，他们认为：一个国家的科学成果数量占据全球科学成果总量的25%，就可以称之为世界科学中心，占比超过25%所持续的时间称为科学兴隆期，这个平均值是80年。汤浅光朝认为全球曾先后出现过五个世界科学中心，分别为：意大利（1540—1610）、英国（1660—1730）、法国（1770—1830）、德国（1810—1920）、美国（1920年之后）。

### （一）英国成为世界科技强国之路

作为第一次工业革命发源地的英国也曾是世界科学中心，事实上，英国一直以来都有着悠久的科学传统。16世纪以来，英国历史上曾出现过多位享誉世界的伟大科学家，如牛顿（Isaac Newton）、卡文迪许（Henry Cavendish）、法拉第（Michael Faraday）、达尔文（Charles Robert Darwin）、麦克斯韦（James Clerk Maxwell）、汤姆逊（Joseph John Thomson）等，他们为世界科学技术的发展奠定了坚实的基础，作出了卓越的贡献。时至今日，英国的科研水平特别是基础研究水平仍居世界领先地位。通过第一次工业革命，英国率先从农业国转变为工业强国。然而，19世纪末以来，特别是经过两次世界大战之后，英国的经济实力日渐衰落，其原有的科技优势逐渐被其他国家所超越。因此，英国在进入21世纪后，"不断加强对科技创新的引导和支持，布局关键科技领域，建立科技与产业之间的协同机制，将基础研究优势转化为创新动力，推动经济社会发展。"[1]

在经济、政治、文化、教育等诸多方面的有利条件造就了英国在第一次工业革命中的世界领先优势。据统计，1850年，英国的金属制品、棉纺织品等产量占到了世界总产量的一半，煤产量占世界总产量的三分之二，造船业和铁路修筑等都位居世界首位。1870年，英国的工业产量占全球比重为31.8%，美国为23.3%，德国为13.2%，法国为10%。[2]英国的发展成就不仅体现在强大的工业生产能力，并且在很长一段时间内，英国都是世界科技创新中心。然而，英国在科学技术发展方面的领先地位从19世纪后期开始逐渐丧失，德国和美国逐渐取代了英国的领先地位。最终，号称"日不落帝国"的英国彻底丧失了世界霸主地位，不得不让位于美国。英国在第二次工业革命中渐渐落伍也是多方面原因共同作用的结果。例如，经济增长模式对新技术的排斥、忽视新兴产业发展且热衷于资本输出，社会体系的僵化。[3]英国政府以史为鉴，自20世纪末以来开始颁布诸多政策以促进科技与经济更好地协同发展，明确了以科技发展推动经济振兴的目标，构建了以发展知识经济为核心的国家创新体系。英国成为世界科技强国的发展史给我们很多启示，

---

1.刘云、陶斯宇：《基础科学优势为创新发展注入新动力——英国成为世界科技强国之路》，载《中国科学院院刊》，2018年第33卷第5期，第484页。
2.参见王昌林、姜江、盛朝讯、韩祺：《大国崛起与科技创新——英国、德国、美国和日本的经验与启示》，载《全球化》，2015年第9期，第39-49页。
3.参见王铁成：《英国科技强国发展历程》，载《今日科苑》，2018年第1期，第49-51页。

其中有成功的经验，也有失败的教训。

良好的科学基础是英国崛起的原动力。实验哲学思想的产生以及数学、力学、化学等学科的快速发展为英国工业革命奠定了坚实的思想文化基础；英国皇家学会的成立标志着科学建制化的开始，皇家学会非常重视科学实验和科学传播，极大地促进了科学发展和公众对科学的理解与认知，不仅有利于提高公众的科学素养，还使科学成为公众的一种文化需求和精神信仰；月光社的建立促进了科学、技术与制造业的密切结合。这些科学技术基础与英国当时独特的政治经济条件和工业生产需求相结合，形成了推动英国工业革命发展的强大动力。从总体上看，英国政府对基础研究的支持反映在不同时期的科技政策中；英国的高校重视精英教育和基础研究，拥有高水平的科研队伍和装备精良的实验室；科研活动有多渠道的资金支持。上述条件有利于英国产生更多基础性和理论性的科研成果，使其能够在基础研究领域保持高效的产出和世界领先地位。"科学基础是英国技术创新和知识经济发展的原动力。科学精神和创新文化是科技创新持续发展的沃土。"[1]然而，在第二次科技革命中英国开始固步自封，严重阻碍了其科技的发展；由于过度依赖传统的经济增长模式所带来的收益，导致其错过巩固原有科技优势地位的时机。这些经验教训也时刻提醒我们要解放思想、与时俱进，不断鼓励科技创新、激发创新活力，如果不适时改变发展道路，不

---

1.刘云、陶斯宇：《基础科学优势为创新发展注入新动力——英国成为世界科技强国之路》，载《中国科学院院刊》，2018年第33卷第5期，第489页。

重视新兴科学技术和产业创新的发展，最终将会失去已有的领先优势。

### （二）法国成为世界科技强国之路

法国也是一个拥有悠久学术传统的国家，在物理、数学、化学、医学、生理学等基础研究领域曾经取得过令世界瞩目的成就。第二次世界大战结束后，戴高乐（Charles André Joseph Marie de Gaulle）围绕国家意志和国防安全积极创建国家科研机构，并试图建立独立自主的科技创新体系，使法国在20世纪60年代至80年代出现了"辉煌三十年"的盛景。无论从自然科学领域的诺贝尔奖和菲尔兹奖的获得者数量、科技论文数量、科技专利申请数量，还是从高速列车、航空航天、精密仪器、军工制造、生物制药、农业器械、核能、汽车等工业制造领域中高新技术产品的市场占有率来看，二战后的法国始终保持着世界科技强国的地位。

总的来说，法国建成世界科技强国的主要路径有：建立布局合理、门类齐全的国家科研机构，并根据国家科研机构的性质和定位实行分类管理；不断调整和完善独立自主的国家科技创新体系；不断加强政府对科研工作的领导；确保科研队伍的稳定与高效，给予科研人员国家公职人员的待遇，依托产学研合作培养高素质科技人才；以立法形式确保科研投入的力度，持续、稳定地支持基础研究；营造自由、竞争的学术氛围，实施积极的国际交流与合作政策；切实有效地推动科技成果向产业化发展，并且完善相应的体制机制；建立符合国家科技发展实际的科研评价体系；调整国家创新发展布局，实施新一轮"未来投资计划"。[1]

### （三）德国成为世界科技强国之路

德国在历史上一度是一个落后国。经过三场王朝战争，德国才最终于1871年在政治上统一起来。其后，德国开始在科学、技术、经济和文化等方面迅猛发展。第一次世界大战前，德国跻身欧洲最强大的国家，首都柏林成为世界的"科学中心"。然而之后，德国却出人意料地走上了一条崎岖的发展道路。两次世界大战、东西方两大阵营的"冷战"，以及东西德统一，让德国处于世界历史的聚焦点。目前，德国虽已不再是世界头号强国，但尚处于第一阵营，它的"一举一动"仍牵动着世界的神经。

从1700年普鲁士科学院创立起，真正的德国科研建制走过了三百多年的不平坦之路。差不多每隔一百年，德国的科研体制都会发生一次根本性的变革。1810年柏林大学建立，1887年帝国物理技术研究所成立，1900年高等工学院升格为大学并获得博士学位授予权，1911年威廉皇帝学会建立，二战后作为威廉皇帝学会后继者的马普学会扩张，弗劳思霍夫学会、亥姆霍兹学会和莱布尼茨学会各司其职，20世纪末开展"卓越战略"计划等，都是标志性的事件。其中，德国在1871年至1914年短短四十多年的时间里，"建立了一个分工明确的科研创新体制，从而使一个落后的农业国一跃成为欧洲最发达的工业

---

1.参见邱举良、方晓东：《建设独立自主的国家科技创新体系——法国成为世界科技强国的路径》，载《中国科学院院刊》，2018年第33卷第5期，第493-501页。

大国。这在世界历史上都是了不起的成就。"[1]除去这些天时地利的因素之外，德国科学家和科学政策制定者的忧患意识为其崛起也提供了"人和"的保障。落后时，虚心求教，向其他国家学习；领先时，未雨绸缪，对自己要求精益求精。正因为如此，德国的科研体制才能得以永葆活力而长盛不衰。

二战结束后，经过几十年的发展，德国的科教体系逐渐形成了自己鲜明的特色——科研与教育形成了紧密结合的综合体，作为国家创新体系的引擎，为德国未来的科技发展、国际合作与竞争做好了充分的准备。

德国创新体系的主体是企业，而发达的职业教育也是德国的一大亮点。德国企业创新受惠于企业与教育相互促进，企业直接参与社会办学，学校培养多样的实用人才。职业教育被分为中等和高等两类，前者采用"双元制"教育模式，后者主要由职业大学负责。

回顾德国科技崛起的历史，不难发现崛起所必须具备的条件。例如，民族独立，政权独立，国家统一，相对稳定和平的社会环境；重视教育，健全的教育体系，普及全民教育；完善高等教育体系的同时注重发展职业教育；国家调控和引导科技发展；着眼于未来科技发展的需要而不断进行体制创新；研究—教育—产业相结合；积极引进国外优秀科技人才，学习借鉴其他国家的先进技术；建立研究机构和科研协会；形成科研教育有机综合体。

需要指出的是，国家的统一为德国崛起为世界科技强国提

---

1.方在庆：《持续不间断地推进科研体制创新——德国成为世界科技强国之路》，载《中国科学院院刊》，2018年第33卷第5期，第503页。

供了最重要的政治前提。但是，德国能够在短时间内快速发展壮大，在很大程度上得益于科技创新和人力资本的长期积累和应用。自查理曼大帝时代开始，德国就非常重视教育和文化事业的发展。从1818年到1846年，普鲁士国民学校的学生数量增加近一倍，适龄儿童入学率为82%，而到了19世纪60年代，这一数字上升为97.5%，其国民素质达到了前所未有的水平。与此同时，高等教育也迅速发展起来，1810年，被誉为"现代大学之母"的柏林洪堡大学在德国成立，这是世界上第一所承担教学和科研双重使命的新式大学。

对教育和科研的重视与大量投入很快使德国跻身世界科技发展的前列。从1864年到1869年，德国在世界生理学100项重大发现中占有89项。从1855年到1870年，德国获得了136项电学、光学、热力学重大发明，当时的英国和法国总共只有91项。世界第一台大功率直流发电机、第一台电动机、第一台四冲程煤气内燃机、第一辆汽车等发明创造也起源于德国。与此同时，德国孕育了一大批科学家和发明家，如科赫（Robert Koch）、欧姆（Georg Simon Ohm）、伦琴（Wilhelm Röntgen）、玻恩（Max Born）、雅可比（Carl Gustav Jacob Jacobi）、西门子（Ernst Werner von Siemens）、李比希（Justus von Liebig）、普朗克（Max Karl Ernst Ludwig Planck）、爱因斯坦（Albert Einstein）等。在19世纪中后期到20世纪初期的这段时间里，德国耀眼的科技创新光芒令全世界瞩目。[1]

---

1.参见王昌林、姜江、盛朝讯、韩祺：《大国崛起与科技创新——英国、德国、美国和日本的经验与启示》，载《全球化》，2015年第9期，第42、43页。

（四）美国成为世界科技强国之路

20世纪30年代初，哥廷根、海德堡、莱比锡等德国城市被视为"科学研究的圣地"，吸引了一大批有才华和抱负的美国青年前往学习深造。那么，又是什么原因促使美国的科技力量后来居上，并且能够保持长期强盛的势头呢？

事实上，美国历史就是一部创新创业史。20世纪40年代至今，美国一直是全球科学研究和技术创新潮流的引领者。富于进取的冒险精神和创新文化、高素质的国民教育和广纳贤才的政策、良好的制度设计和安排、有效的政策支持体系都是促使美国能够形成强大创新能力的重要因素。美国的创新与英国等欧洲国家有所不同，美国拥有自己鲜明的特点。例如，以实用性创新为主导、注重全面创新、草根创新蔚然成风、军民融合互动创新成效特别卓越等。[1]

美国之所以成为科技强国，有历史、政府政策、制度创新等三个主要因素。首先，美国成为科技强国，有其不可复制的历史机遇以及合适的发展基础；其次，二战后美国政府的支持政策促使美国科技崛起；最后，在应对时局变化和形势挑战时，美国通过局部的制度创新带动整个创新系统发挥作用，以保持其科学技术的发展优势。由此可见，建设科技强国需要重点关注以下四点：制度和制度创新的支撑力；强调并保护自下而上的创造性和自主性；政府对科学技术发展的长期支持和正确定位；符合市场机制的产业研究系统和大学系统。尽管美国自身

---

1.参见王昌林、姜江、盛朝讯、韩祺：《大国崛起与科技创新——英国、德国、美国和日本的经验与启示》，载《全球化》，2015年第9期，第39-46页。

的发展过程具有独特的人文和历史特征，但科技发展促进美国经济和社会发展的现实意义值得其他国家借鉴。

### （五）日本成为世界科技强国之路

19世纪末，日本在国内外诸多因素的共同作用下开始发展起来，其中的一个关键因素是科技因素，即通过大胆引进和吸收西方先进技术，并对这些技术进行本土化改良，与此同时，着力培育人力资本，最终在亚洲率先建立起近代产业体系，实现了日本经济和军事实力的迅速增强。[1]

二战后，日本采取了一系列的重建措施，使其形成了雄厚的经济实力、人力资源和技术基础，这些都为日本日后产生多位诺贝尔奖得主奠定了坚实的基础。此外，日本的技术引进与其"贸易立国"政策和引进外资密切结合。通过引进、消化、改良与利用外国的专利技术和设备，日本经济得以迅速恢复。这不仅使日本的科技投入有了雄厚的经济实力作为可靠保障，而且其发展产业的迫切需求也刺激了日本大量投资教育事业，尤其重视和培养理工科人才。

20世纪70年代，日本实施了"技术立国"战略。日本采取一系列综合性措施，把重点从引进模仿产业技术转变为强化基础研究，并持续加大对基础研究的投入，促使其技术水平得以不断提高，其在半导体等领域的技术水平居于世界前列。此时，政府主导的大科学发展模式也开始发挥积极作用，企业的

---

1.参见王昌林、姜江、盛朝讯、韩祺：《大国崛起与科技创新——英国、德国、美国和日本的经验与启示》，载《全球化》，2015年第9期，第46页。

科研实力开始逐渐增强，大学的基础研究也在积蓄力量，这些都是日本在这一时期的科技发展特点。

20世纪90年代开始，伴随着"冷战"的结束，世界竞争格局发生了重大变化。欧美与日本的竞争更加激烈，技术保护主义也日渐盛行，日本开始意识到技术与产业竞争力的源泉是基础研究。1995年11月，日本国会通过了《科学技术基本法》，明确提出"科学技术创造立国"的战略，从"重技术"转向了"科学与技术并重"，推动各主要领域共同发力、齐头并进。

总体上看，日本建设世界科技强国的经验主要有以下三点：一是"官产学"合作成效显著；二是国际合作助力孵化原始创新；三是持续强化对基础研究的投入以提升本国的原始创新能力，尤其是不断加强科研队伍建设，着力培养青年科技人才，构筑起有效的科研人员支撑体系。二战后的日本在建设世界科技强国的进程中，注重提高国民的创新意识，营造有利于创新的学术氛围，构建有利于创新的机制，提供相对稳定的经费支持，加强国际交流活动。[1]

通过前文对世界科技强国发展历程的梳理，可以发现：虽然这些国家建设世界科技强国的历史条件和发展路径并不完全相同，但其发展的内在逻辑是大致相同的，即在很大程度上得益于一些要素的共同作用。例如，前瞻务实的发展战略决策和路径选择、科学高效的国家创新体系、匹配战略目标的科技投入体制、先进的教育制度、富有吸引力的人才聚集系统、处于

---

1.参见胡智慧、王溯：《"科技立国"战略与"诺贝尔奖计划"——日本建设世界科技强国之路》，载《中国科学院院刊》，2018年第33卷第5期，第520–526页。

国际领先水平的科研基础设施、引领创新发展的高技术产业化能力、整合全球创新资源的开放创新模式、有效保障和促进科技创新的制度体系等。[1] 此外，采用非对称赶超战略，也是建成世界科技强国的一个基本经验。[2]

## 三、以改革精神破解难题

改革开放四十多年来，特别是党的十八大以来，我国科技发展事业取得了历史性成就，发生了历史性变革。从横向来看，明显缩小了与发达国家的科技差距；从纵向来看，迅速提高了我国的科技创新能力，促使我国不断涌现若干重大创新成果，开始进入质的飞跃和系统能力提升的重要关键期。在这个飞速发展的过程中，在中国共产党的正确领导、各级政府的大力支持、经济社会发展的强大牵引和有力支撑的前提下，科技体制改革无疑发挥了重要的推动和保障作用，例如：坚持国家重大战略指引，围绕服务国家发展的战略需求，力促科学技术与经济的紧密结合；坚持重要问题导向，聚焦科技事业发展的关键环节和突出问题，着力突破影响创新发展的瓶颈制约；坚持以人为本，不断深化人才发展的体制机制改革；坚持与时俱进，完善国家创新系统，补齐系统短板，提高系统效能；坚持遵循规律，把科学技术发展规律与市场经济规律有机结合起来；坚

1.参见中国科学院：《科技强国建设之路：中国与世界》，北京：科学出版社2018年版，第169页。

2.参见刘立：《以非对称赶超战略推进科技强国建设——习近平科技创新思想的重大时代意义》，载《人民论坛·学术前沿》，2016年第16期，第64页。

持开放合作，在融入全球科技创新网络中深化体制机制改革。[1]

改革是激活科技创新的引擎。1985年发布的《中共中央关于科学技术体制改革的决定》拉开了我国科技体制改革的序幕。在这之后的三十多年里，科技体制改革持续深化不停歇。特别是党的十八大以来，科技体制改革"动真碰硬"，告别了"天女散花，九龙治水"的局面，优化整合了分散在40多个部门的近百项科技计划；明显改善了科技资源配置分散、重复和低效的痼疾。此外，如何让科研人员既有"面子"更有"里子"？解决这个问题的关键就是"松绑"＋"激励"，于是，"破四唯""立新标""揭榜挂帅"……越来越多的"千里马"在我国科技创新的沃土上竞相奔腾创佳绩。[2]

总体上看，我国始终围绕着促进科技和经济社会紧密结合这条主线来持续深化改革。特别是党的十八大以来，科技体制改革勇闯"深水区"、力啃"硬骨头"：建成了统一的国家科技管理平台以优化整合原有分散的科技计划；下放科研项目和资金管理权，以政府"放管服"来激发社会的创新活力；实行创新调查制度，健全决策咨询制度，推进科技决策的科学化和民主化。[3]我国的科技体制改革呈现多点突破、全面发力、纵深发展的态势，已经确立起改革的主体架构，在改革重要领域和关

---

1.参见汪克强：《我国科技体制改革的经验与启示》，载《人民周刊》，2018年第21期，第58、59页。

2.参见杨舒、袁于飞：《科技创新：吹响实现高水平科技自立自强的号角》，载《光明日报》，2021年6月10日第5版。

3.参见中央宣传部宣传教育局编：《"将改革开放进行到底"系列论坛》，北京：人民出版社2018年版，第82页。

键环节方面取得了实质性突破，形成了从法律、政策到实践的完整落实体系。目前，我国已经全面完成了《深化科技体制改革实施方案》中所部署的143项改革，逐步解决了一些老大难问题，其中的一些改革措施已经转化为我国的法律和政策。

回望历史、立足当下、放眼未来，不难发现：改革精神一直是推动我国在新时期解放和发展社会生产力、激发和增强社会活力的强大动力，是党和人民的事业大踏步赶上时代步伐的重要法宝。改革精神是一种解放思想、攻坚克难的自我革命精神；改革精神是一种抓住机遇、赶上时代的开拓进取精神；改革精神是一种以问题为导向、勇于研究新情况、善于创造新经验的实事求是精神；改革精神是一种永不僵化、永不停滞，坚持以理论创新推动各方面创新的与时俱进精神。

习近平总书记曾说："改革是由问题倒逼而产生，又在不断解决问题中得以深化。"[1]改革开放四十多年来，我们用改革的办法破解了党和国家事业发展中的很多难题。与此同时，在认识世界和改造世界的过程中，旧的问题解决了，新的问题又会不断产生，因而，我们的改革只有进行时，没有完成时。

总结过去是为了更好地迎接未来。面对世界发展新形势和我国转变发展方式的历史性汇流，我们要在继承历史经验的基础上，不断探索新的实践方式，全面深化新时代科技体制改革，处理好改革过程中的若干关系，加快建设世界科技强国。

第一，在改革中要继续坚持和加强党的集中统一领导。党

---

1.中共中央文献研究室编：《习近平关于全面深化改革论述摘编》，北京：中央文献出版社2014年版，第5页。

的领导是深化科技体制改革的根本政治保证。党中央把科技体制改革作为全面深化改革的重要支柱之一,出台了《深化科技体制改革实施方案》。习近平总书记强调:"科技体制改革要敢于啃硬骨头,敢于涉险滩、闯难关,破除一切制约科技创新的思想障碍和制度藩篱。"[1]

第二,在改革中要正确处理与市场的关系。恩格斯说过:"社会一旦有技术上的需要,则这种需要就会比十所大学更能把科学推向前进。"[2]要利用市场机制激发各类创新主体的生机和活力,尤其要发挥企业作为推动技术创新"生力军"的重要作用。

第三,在改革中要正确处理自主和开放的关系。长期以来,我国的科技工作始终坚持开放合作、自主创新的方针。正如习近平总书记所言:"自主创新是开放环境下的创新,绝不能关起门来搞,而是要聚四海之气、借八方之力。要深化国际科技交流合作,在更高起点上推进自主创新,主动布局和积极利用国际创新资源,努力构建合作共赢的伙伴关系,共同应对未来发展、粮食安全、能源安全、人类健康、气候变化等人类共同挑战,在实现自身发展的同时惠及其他更多国家和人民,推动全球范围平衡发展。"[3]

---

1.习近平:《习近平谈治国理政》(第三卷),北京:外文出版社2020年版,第250页。

2.习近平:《在中国科学院第十九次院士大会、中国工程院第十四次院士大会上的讲话》(2018年5月28日),北京:人民出版社2018年版,第15页。

3.习近平:《在中国科学院第十九次院士大会、中国工程院第十四次院士大会上的讲话》(2018年5月28日),北京:人民出版社2018年版,第17、18页。

## 四、改善科技创新生态

党的十八大以来，我国尤其重视科技创新工作。如今，通过全社会的共同努力，我国科技事业取得辉煌成就，重大创新成果竞相涌现，一些前沿领域开始进入并跑甚至领跑阶段。我国科技事业的快速发展与注重改善科技创新生态密切相关。

习近平总书记指出："我国拥有数量众多的科技工作者、规模庞大的研发投入，初步具备了在一些领域同国际先进水平同台竞技的条件，关键是要改善科技创新生态，激发创新创造活力，给广大科学家和科技工作者搭建施展才华的舞台。"[1]一般认为，科技创新生态是科技创新主体、科技创新环境和科技创新资源共同发生作用的区间场域。科技创新生态如同植物生长所需的水分、土壤、空气和阳光。科技创新能力强不强和科技创新生态环境好不好有着很大的关系。充足的"水分"、肥沃的"土壤"、良好的"空气"、和煦的"阳光"都能让科技创新生态充满生机和活力。科技创新生态是个"软环境"，却藏着"硬道理"。当前，全球科技创新已从线性范式和体系范式演化为生态系统范式，呈现出多样性共生、开放式协同的显著特征。我们要精心培育科技创新的"热带雨林"，而非"人工花园"。

然而，面对世界科技的日益发展，我国科技创新生态与一些科技强国相比，还存在不小的差距。例如，投入基础研究的经费较少、科技成果转化的效果不够好、社会创新环境尚需改

---

1.习近平：《在科学家座谈会上的讲话》（2020年9月11日），北京：人民出版社2020年版，第4、5页。

善等，都是我国科技创新生态建设过程中所面临的问题。

<拓展阅读>

是什么造就了硅谷？

说到科技创新生态就不得不提到美国硅谷。到底是什么造就了硅谷？这是很多人都有的疑问。《硅谷生态圈：创新的雨林法则》一书用热带雨林来比喻硅谷的创新生态环境。在硅谷有着丰富的创新"物种"，他们在创新产业链上扮演着不同的角色，在相互竞争与合作的过程中，共同构建起了硅谷创新生态系统。硅谷的成功并非仅仅是将有才能的人、伟大的创意和充足的资金融合在一起，而是奉行一种野蛮生长的雨林法则，这是其成为全球最顶级创新生态系统的关键所在。世界上很多国家和地区都试图模仿硅谷，建造能够孵化强大公司的科技园和创意园，但是鲜有成功的案例，欠缺的或许不是资本和人才，而是一个共赢共生的良好创新生态系统。

加强科技创新生态建设，激发各类人才的创造力、增强创新链条的协同力、强化公平竞争的内动力，是实施创新驱动发展战略和加快推动科技强国建设的题中应有之义，更是促进我国科技创新活动更好地面向世界科技前沿、面向经济主战场、面向国家重大需求、面向人民生命健康的必然要求。

第一，着力加强科技创新生态建设，更加突出"人才是第一资源"的理念引领。

大力激发广大科技工作者的创新活力，把我国研发人员的数量优势转化为科技创新的质量优势。只有直面人才引进、人才使用、人才评价和人才激励中的新挑战和老问题，不断深化人才体制机制改革，才能真正做到尊重知识和人才、尊重劳动和创造，释放广大科技工作者勇于创新、乐于创造的巨大潜力。

与此同时，赋予科技领军人才更大的创新自主权，为其勇挑科研重担、勇攀科学高峰"减负去缚"，充分发挥其在攻克科学难题、带领科研队伍、培育创新人才、树立科研榜样等方面的关键作用。

加强创新人才培养工作，真正做到尊重人才成长规律、尊重科学研究规律，激发和保护好科研人员探索自然规律的好奇心和献身科学的事业心，运用好学术思想、研究思路和研究团队的多样性，为实现聚天下英才而用之的良好人才发展格局奠定坚实基础，为科技创新事业的可持续发展提供不竭的智力源泉。

第二，着力加强科技创新生态建设，进一步畅通创新链条，大幅度提升系统化的科技创新能力。

只有逆流而上、爬坡迈坎，把加强基础研究和提高原始创新能力放在更加突出的位置，才能争取产生更多"从0到1"的原创性、突破性成果，更好地解决技术问题、更好地创造和把握未来机遇、更好地参与和推动人类科技事业的发展。

只有顺势而下、遍地开花，畅通从理论突破到技术发明和工程优化的转化路径，提高科技创新对高质量发展的支撑能力，强化科技创新畅通国内国际双循环的能力，才能提升科技创新保障人民生命健康、满足人民不断增长的美好生活需要的能力。

加强创新链、产业链、资本链、政策链之间的协合融通，提高各类创新资源的活跃度，让高校、科研院所、企业等创新行动者都积极地动起来，形成一股推进科技创新发展的强大合力。

第三，着力加强科技创新生态建设，大力营造热爱科学、崇尚创新的社会文化环境。科技系统是社会大系统中的一个重要子系统，科技工作者生活在社会大环境之中，积极且健康的社会创新文化有利于为科技创新提供友好的环境、丰富的资源和无尽的需求。

重视科学教育，引导和培育好青少年探索自然奥秘的好奇心以及对科学研究的兴趣，为我国科技创新事业储备量大且质优的"后备军"。

重视勇于探索、宽容失败的创新文化建设。原创性研究面临更多的不确定性、更高的失败风险、很难预期的效益，因而对鼓励探索、包容失败的文化环境有着更为强烈和迫切的需求。

重视收益分配，提高科技创新的包容性。深入研究新技术、新经济、新业态对社会就业和收入分配的总体性影响和结构性差异，加强对新兴科技的伦理、法律和社会风险治理，践行负责任的研究与创新，强化科技创新可持续发展的社会基础和伦理规范。

总而言之，加强科技创新生态建设，一方面向改革要动力，向开放要活力，抓牢重点、突破难点，不断强化科技创新生态的内驱力；另一方面从"四个面向"找方向、要定力，适应科技革命、产业变革、生产方式、生活方式、价值追求等方面的深刻变化，明确方向、瞄准问题，持续提高科技创新生态的外部牵引能力，为我国科技事业的持续向好发展提供丰沛滋养，为经济社会的平衡发展保驾护航。[1]

骐骥千里而非一日之功。改善科技创新生态是一个渐进累积的长期过程，需要全国上下凝心聚力。只要我们咬定目标不放松，把提高原始创新能力摆在更加突出的位置，把发展主动权和科研自主权牢牢地掌握在自己手中，充分发挥社会主义制度的巨大优势，就一定能够开辟一条适合我国国情的科技创新发展之路。

---

1.参见卢阳旭：《聚焦"四个面向"，着力加强科技创新生态建设》，载《科技日报》，2020年9月14日第3版。

第 **3** 章

科技是国家强盛之基，创新是民族进步之魂

——科技创新是建设世界科技强国的核心

科技创新是提高社会生产力和综合国力的战略支撑，必须摆在国家发展全局的核心位置。

——习近平总书记在中国科学院第十七次院士大会、中国工程院第十二次院士大会上的讲话（2014年6月9日）

习近平总书记强调指出:"在新一轮科技革命和产业变革大势中,科技创新作为提高社会生产力、提升国际竞争力、增强综合国力、保障国家安全的战略支撑,必须摆在国家发展全局的核心位置"[1],"要把满足人民对美好生活的向往作为科技创新的落脚点,把惠民、利民、富民、改善民生作为科技创新的重要方向。"[2]这为我国科技创新事业指明了发展方向。

## 一、科技创新是"牛鼻子"

俗话说:牵牛要牵牛鼻子。对于国家和民族的发展而言,科技创新就是"牛鼻子"。科技创新不仅是重要的经济力量,也是重要的文化力量。在创新成为引领发展第一动力的今日中国,抓住科技创新这个"牛鼻子",可以起到提纲挈领、一石激浪的作用,达到以重点突破牵引和带动全局、不断开创新局面的效果。

### 1.科技创新推进经济建设

我国已经进入新型工业化、信息化、城镇化、农业现代化同步发展、并联发展、叠加发展的关键时期,自主创新空间广阔、动力强劲。发展的"地利"条件良好。该如何守住"地利"条件进而拓展"地利"条件?习近平总书记强调指出:"当今世界,谁牵住了科技创新这个'牛鼻子',谁走好了科技创新这

---

1.中共中央文献研究室编:《习近平关于科技创新论述摘编》,北京:中央文献出版社2016年版,第30页。

2.习近平:《习近平谈治国理政》(第三卷),北京:外文出版社2020年版,第249页。

步先手棋，谁就能占领先机、赢得优势。我国经济总量已跃居世界第二位，同时发展中不平衡、不协调、不可持续问题依然突出，人口、资源、环境压力越来越大，拼投资、拼资源、拼环境的老路已经走不通。老是在产业链条的低端打拼，老是在'微笑曲线'的底端摸爬，总是停留在附加值最低的制造环节而占领不了附加值高的研发和销售这两端，不会有根本出路。块头大不等于强，体重大不等于壮，虚胖不行。我们在国际上腰杆能不能更硬起来，能不能跨越'中等收入陷阱'，很大程度取决于科技创新能力的提升。科技创新这件事，等待观望不得，亦步亦趋不行，要有一万年太久、只争朝夕的紧迫感和劲头，快马加鞭予以推进。"[1]

由于科学与技术之间的渗透与融合，科学技术与生产也走向一体化，并从生产力的一般要素上升为对发展生产力起决定性作用的要素。科技创新促使新的产业结构和经济形式的产生，促进了整个生产力系统的优化和发展，成为经济结构调整和经济发展的内生变量。新形势下，要深入解决经济和产业发展亟需的科技创新问题，围绕支持传统产业优化升级、培育战略性新兴产业、发展现代服务业、建设现代化经济体系等方面的需求，推动科技创新实践，推动产业和产品向价值链中高端跃升。

2.科技创新助力文化建设

"科学技术是人类认识和运用自然规律、社会规律能力的

————————

1.中共中央文献研究室编：《习近平关于科技创新论述摘编》，北京：中央文献出版社2016年版，第23页。

集中反映。自古以来，人类社会经济和文化的每一次重大发展，都依赖于科学的重大发现和技术的重大发明。"[1]科技创新一方面以其革命性的力量推动社会进步，促使产业结构和社会结构发生重大变化；另一方面也对人类社会的文化与精神领域产生深刻影响，有助于人类更好地认识自然和社会，并在思想观念层面指导人们认识世界和改造世界，使其实践活动更好地反映人类的意愿和需求。

在科学技术日新月异的今天，科技创新文化已经明显地影响着先进文化建设的各个方面：首先，它能够为整个社会文化的存在和发展提供全新背景，即使素不相识的学者也能够在科技创新文化的影响和熏陶下形成相同或相似的观念、标准、方法、设想和行为模式。其二，它有力地冲击着既有的传统文化，促使传统文化在内容、性质、结构和形态上发生改变。其三，它是新文化产生的必要基础，尤其是作为科技创新文化核心和灵魂的科学精神更是孕育新文化的丰沃土壤。其四，科学知识、科学方法一旦被人们掌握，科学思想和科学精神一旦作用和内化于人的心灵，就可以提高人们的科学文化素养，提升人们的精神境界。当科技创新作为一种精神文化影响民众思想的时候，它是一种巨大的精神力量，充分体现其精神价值；当其作为一种知识形态存在的时候，它是一种精致的文化产品，充分发挥其教化功能；当其作为一种社会性认知实践的时候，它是一种求真求实、追求真理的活动，充分显示其认识功能和道德示范

---

1.中共中央文献研究室编：《十五大以来重要文献选编（下）》，北京：人民出版社2003年版，第2401页。

效应，帮助民众树立正确的世界观、人生观和价值观。[1]

如今，科技强国的宏伟蓝图已经绘就，科技创新的大潮已经澎湃而起。我国科技工作者要牢记科技报国、创新为民的初心，立足于国家发展和人民幸福对科技创新提出的迫切需求，着力攻克关键核心技术，努力破解"卡脖子"问题，在重大科技创新领域不断取得新突破，为把我国建成世界科技强国而不懈奋斗。

## 二、走中国特色自主创新道路

走中国特色自主创新道路是增强自主创新能力的关键所在。坚定不移走中国特色自主创新道路，需要以全球视野谋划和推动创新，提高原始创新、集成创新和引进消化再创新能力，更加注重协同创新，坚持"自主创新、重点跨越、支撑发展、引领未来"的指导方针，不断提高创新能力，着力建立以企业为主体、市场为导向、产学研相结合的技术创新体系，加快建设国家创新系统，努力培育全国人民的创新精神，把全国人民的智慧和力量凝聚到创新驱动发展上来。

在经济全球化深入发展的全球背景下，创新资源在全球加快流动，世界各国的经济与科技联系更加密切，任何一国都很难仅仅依靠自身力量解决所有创新难题。鉴于此，我们强调自主创新绝不是强调要关起国门搞创新。我们要以充分的创新自信，把

---

1.参见余发良：《文化视角下的中国共产党科学技术思想研究》，北京：人民出版社2011年版，第221页。

"引进来"和"走出去"很好地结合起来, 积极融入全球创新网络。

树立创新自信意味着不能妄自菲薄, 轻视我国的自主创新成果。经过科技创新事业的长期持续发展, 我国在一些领域正从"跟跑者"向"并行者"甚至"领跑者"转变; 与此同时, 树立创新自信也意味着不能夜郎自大, 缺少向其他国家虚心求教的态度, 只满足于目前所取得的一点发展成果和进步成绩, 我们要以正确的态度勇于、善于和乐于向世界各国学习, 深化国际交流合作, 充分挖掘和利用全球创新资源, 在更大的平台和更高的起点上推进我国自主创新事业的良性发展。

树立创新自信, 源自理念自信。走中国特色自主创新道路, 我们的创新自信来自十八届五中全会提出的创新、协调、绿色、开放、共享的新发展理念。在新发展理念中, 居于首位的就是创新。理念是行动的先导, 新发展理念是一把金钥匙, 是引领中国实现更高质量、更有效率、更加公平、更可持续发展的理论先导, 突出强调"创新"作用的新发展理念将在新时代把中国引入全面创新的广阔舞台。

树立创新自信, 源自基因自信。走中国特色自主创新道路, 我们的创新自信来自中华民族代代相传的创新基因。创新是中华民族的优良传统, 我国古代在农、医、天、算等众多领域取得了举世瞩目的成就, 造纸术、印刷术、火药、指南针这四大发明更是改变了全球的发展面貌和人类的生活状态。16世纪以前, 在世界上最重要的300项发明和发现中, 中国占了173项, 远远超过同时代的其他国家。历史上, 中华民族曾长期处于世界领先地位, 如今也有信心、有能力再次攀登世界科技高峰, 引领世界科技潮流。

树立创新自信，源自制度自信。走中国特色自主创新道路，我们的创新自信来自社会主义制度的优越性。制度上的优势让我们可以上下联动、全国总动员，形成一种立体而广泛的社会创新氛围。在战略上，我国实施创新驱动发展战略，在战术上，我国致力于推进"大众创业、万众创新"，实现了顶层设计和底部措施的结合。此外，我们的制度优势还表现在能够快速集中优势力量攻克重大科技难题，实施"非对称"赶超策略。我国"两弹一星"的成功研制、在航天深海领域的重大科研成果等，都是社会主义制度优越性的突出表现。

树立创新自信，源自人才自信。走中国特色自主创新道路，我们的创新自信来自我国作为人口大国、人才大国的强力支撑。决定科技创新成果产出最关键的因素是人才。创新重在人才，创新发展的竞争归根结底是人才的竞争。我国是人力资源大国，也是智慧资源大国。我国14亿多人中蕴藏着最为宝贵的智慧资源，并已建成了全球最大规模的科研队伍。与此同时，我国也在不断提高配置全球人才资源的能力，陆续出台了一批覆盖不同专业领域、不同年龄段和梯次配置的引才项目，带动形成了新中国成立以来最大规模的海外人才回国潮。[1]

## 三、坚持"四个面向"

科技创新是民族进步、国家兴旺发达的核心推动力。如果

---

1.参见贾璐萌：《走中国特色自主创新道路》，谭小琴主编：《中国特色社会主义理论与实践研究学习指南》，天津：天津人民出版社2021年版，第73—76页。

我们不识变、不应变、不求变、不转变,就可能陷入战略被动,错失发展良机。基于此,我国提出了"四个面向",即"面向世界科技前沿、面向经济主战场、面向国家重大需求、面向人民生命健康"[1]。"四个面向"是指引新时代科技发展方向的科技创新观,鲜明体现了我国科技创新的价值观、实践观、动力观和人本观,为我国在"十四五"时期甚至更长时期内推进科技事业发展提供了根本遵循和重要指南。"四个面向"集科技、经济、社会和人民于一体,符合科学发展规律、经济发展规律、社会发展规律和政治发展规律,具有深层的生成逻辑、深刻的核心内涵、深厚的理论意蕴、深远的历史意义。

（一）面向世界科技前沿：以原创性科技引领未来

"面向世界科技前沿"就是要把提高我国原始创新能力摆在更加突出的位置,实现更多"从0到1"的突破,这是新时代科技创新价值观的集中体现。面向世界科技前沿以引领世界科技发展新方向、掌握新一轮全球科技竞争的战略主动权是我国科技创新的首要任务。如今,世界正处于百年未有之大变局,科技创新已经成为影响大变局走势的一个关键变量。新一轮科技革命正蓄势待发,新一代信息技术、生物技术、智能制造、新能源、新材料正向我国各个领域逐步渗透,一些重大颠覆性技术创新正在塑造新产业和新业态。国际科技创新发展前沿呈现"四个形势",即科技力量具有的威势、科技创新呈现的趋

---

1.习近平:《在科学家座谈会上的讲话》(2020年9月11日),北京:人民出版社2020年版,第4页。

势、新一轮科技革命的蓄势、发达国家创新的态势，习近平总书记在深刻把握这些形势之后作出一个科学判断："科学技术是世界性、时代性的，发展科学技术必须具有全球视野、把握时代脉搏"[1]，"基础研究是科技创新的源头"[2]。

面向世界科技前沿，要求我国加快推进从跟踪型研究向开创性引领性研究的转变，牢牢掌握核心技术。我国经济社会发展已经到了必须由"制造"向"智造"和"创造"转变的时刻，而实现好"跟跑"向"并行"甚至"领跑"的转变，就要建立一套符合基础研究发展规律和特点的评价机制，强化评价导向的核心是学术贡献和创新价值，引导科研人员挑战科技前沿，重视面向世界科技前沿的牵引作用，加强顶层设计和前瞻部署，为我国发展提供更加强有力的前沿科技供给。[3]

面向世界科技前沿，意味着我们在建设科技强国的征途上，要把眼光放得长远一些，不仅要考虑当下情况，更要着眼未来变化，设定好各个发展阶段要完成的目标。从基础研究做起，夯实科研基础，提高创新能力，不断追求卓越，为其他三个面向提供坚实的技术保障。

面向世界科技前沿，意味着我们在走中国特色社会主义道路的同时，要加强和其他国家间的科技交流。我们虽然要鼓励

1.习近平:《为建设世界科技强国而奋斗——在全国科技创新大会、两院院士大会、中国科协第九次全国代表大会上的讲话》（2016年5月30日），北京：人民出版社2016年版，第7页。
2.习近平:《在科学家座谈会上的讲话》（2020年9月11日），北京：人民出版社2020年版，第7页。
3.参见黄涛:《"四个面向"指明科技创新方向》，载《湖北日报》，2020年11月10日第10版。

自主创新，但也要有全球视野，不能坐井观天、固步自封。在更高的位置不断促进我国科技创新，牢牢抓住创新的主动权，加快科技强国的建设步伐。

面向世界科技前沿，意味着要激励广大科技工作者意识到自己所肩负的使命之光荣、责任之重大，不断深耕自己的科研领域，既要广撒网，也要专和精。我国作为世界上最大的发展中国家，应当为全球科技进步作出属于中国的贡献。

### （二）面向经济主战场：以应用性科技支撑发展

面向经济主战场，就是要让科技创新的价值体现在产业转型升级和转变经济发展方式等方面，让科技创新转化为推动经济社会发展的第一动力，这是践行我国新时代科技创新实践观的根本要求。

面向经济主战场，就是要在产业创新实践中检验科研成果，在生产实践中培养科技人才。科技创新不只是知识的创新，也不仅是产出大量科技论文和专利，科技创新强调要在产业发展中应用新知识，以催生新的产业和新的商业模式，实现知识与应用的良好循环。科技创新活动全过程的"最后一公里"是科技成果应用于产业发展，因此，我国科研人员要把论文写在祖国的大地上，把科技成果应用在实现现代化的伟大事业中。

面向经济主战场是新时代中国经济转型升级的内在迫切需要，要把科技作为我国经济社会发展和国家战略安全的核心支撑。推动经济发展的质量变革、效率变革、动力变革，是实现新旧动能转换的必由之路，也是推动高质量发展和现代化进程发展全局的关键所在，在加快构建我国新发展格局中具有重要作用。要推动科技与经济的深度融合，推动科技工作与国家经济社会发展"无缝连接"，畅通从科技强到产业强、经济强、国家强的通道。围绕产业链布局创新链，围绕创新链完善资金链，跨越科技成果转化的"死亡谷"，尽力消除科技创新中的"孤岛现象"。强化科技创新的全链条设计，解决创新项目和产业需求相脱节的问题，努力形成科技创新支撑产业发展、产业发展拉动科技创新的正反馈效应。构建高效协同的技术转移体系，营造有利于成果转化的生态环境，创造有利于科技成果转化的良好法治环境。

### （三）面向国家重大需求：以标志性科技实现重点突破

"面向国家重大需求"就是坚持需求导向和问题导向。当前，我国在促进经济社会发展、保障和改善民生、加强国防军队建设等领域还面临一些需要补齐的短板和需要加强的弱项，国家对科技发展的需求比过去任何时候都更加迫切。我国科技发展的重点研究领域在于一些关键工业技术、部分关键元器件和重要装备、新能源技术等关系国家急切需要和长远需求的领域。只有看准方向，才能行对路、走好路。只有把国家的重大需求放在最重要的位置，使科技创新与国家发展、民族需要、人民利益同向同行，才能让科技创新走在符合国家核心利益和重大需求的正确道路上，进而为实现中国梦作出卓越贡献。

坚持面向国家重大需求，国家的安全和人民的安康就有了坚实的保障。科技是国之利器。党的十八大以来，我们在面向国家重大需求的科技创新重大项目中取得了举世瞩目的成就。"北斗""天宫""神舟""嫦娥""长征""蛟龙""天眼",一系列"萌萌哒"的名字背后,是一颗颗充分展现我国综合实力的科技硕果。即便如此,我们仍然需要谨记:与建设世界科技强国的伟大目标相比,我国科技发展还存在一些瓶颈,一些关键领域的核心技术受制于人的格局仍然没有从根本上得到改变,科技基础依然薄弱,我国的科技创新能力,特别是原始创新能力距离美国等科技强国还有不小差距。因此,我们必须奋发图强,知难而上,迎头赶上。"坚持面向国家重大需求,在战略必争领域抢占科技制高点,必将为国家的繁荣富强提供战略支撑力量、提供充盈的底气。"[1]

### (四)面向人民生命健康:以民生科技造福民众

人民至上,科技为民。"面向人民生命健康"就是科技以人为本理念最鲜明、最深刻的集中体现,它体现了中国共产党的执政理念和根本宗旨,是新时代科技创新人本观的全面展现。

民生科技是指服务和提高国民基本生存条件、生活质量和发展态势的科学技术。它与国民的生活息息相关,是人民群众最关心、与人民群众利益最密切相关的科学技术。改善民生、造福人民、促进人的全面发展是目前我国科技工作的出发点和落脚点。"以人民为中心"是新时代科技创新的价值追求,它回答了科技创新"依靠谁""为了谁"等重要问题。

面向人民生命健康就要聚焦人民关心的重大疾病防控、食

---

1.佘惠敏:《面向国家重大需求 把准科技发展方向》,载《经济日报》,2020年10月7日第1版。

品药品安全、人口老龄化等重要民生问题，加大对医疗卫生领域的科研投入力度，加强对公共卫生事件的监测预警和应急反应能力，加快环保、健康、生物医药、医疗设备等领域的科技发展，依靠科技创新建成覆盖广、质量优、成本低的公共服务体系，降低疾病防控和远程医疗技术的成本，让科技为人民生命健康保驾护航。

"百舸争流，奋楫者先。新科技革命和产业变革的时代浪潮奔腾而至，在新的历史起点上，让我们扬起14亿多中国人民对美好生活憧憬的风帆，发动科技创新的强大引擎，让中国这艘航船，向着世界科技强国不断前进，向着中华民族伟大复兴不断前进，向着人类更加美好的未来不断前进。"[1]

## 四、采取"非对称"战略

非对称思维是指一方处于弱势（领域）时，另辟蹊径，力争取得相对优势的战略思维方式。非对称思维最早起源于军事领域所讲的"非对称战略"，它可以被理解为充分发扬自己的优势，有力攻击敌人的弱点，有效防御敌人的长处。非对称思维是非对称战略的抽象化表述。

非对称思维是一种重要的战略思维，它具有创造性的特点，讲求的是不与对手的思路相同并且避开与对手直接对抗，以对手的弱点抑或是忽略的环节作为突破口，从而实现既定目标。

---

1.人民日报评论员：《构建开放创新生态——论学习贯彻习近平总书记在两院院士大会中国科协十大上重要讲话》，载《经济日报》，2021年6月3日第5版。

非对称思维具有对应性、间接性、反向性三个主要特点。

对应性是指战略思维的对称性,任何战略的提出都应该对对手的战略有针对性。我们的游击作战十六字诀——"敌进我退,敌驻我扰,敌疲我打,敌退我追",便是一种针对反动派围剿策略的非对称思维。

间接性是指非对称思维力图使自己保持行动上的出人意料,以此来达到使用通常手段难以达到的效果,在博弈中处于劣势时能够以弱胜强。

反向性是指实力较弱的一方不能囿于常理,应当在尊重客观规律的基础上,打破自己的固有认知从而进行逆向思维。习近平总书记指出:"要研究后发国家赶超发达国家的经验教训,保持战略清醒,避免盲目性,不能人云亦云,也不能亦步亦趋。我们在科技方面应该有非对称性'杀手锏',不能完全是发达国家搞什么我们就搞什么。"[1]在我国建设科技强国的背景下,非对称思维具有丰富的内涵和重要意义。

第一,总结我国科技创新成功的经验,巩固和加强已有的非对称优势。

改革开放四十多年来,特别是党的十八大以来,我国在经济和科技等领域都获得了快速发展。习近平总书记指出:"长期以来,我国科技事业快速发展,取得举世瞩目的成就。为什么能够成功?我看,最重要的经验有三条。一是发挥社会主义制度优越性,集中力量办大事,抓重大、抓尖端、抓基本。二

---

1.中共中央文献研究室编:《习近平关于科技创新论述摘编》,北京:中央文献出版社2016年版,第49页。

是坚持以提升创新能力为主线，把其作为科技事业发展的根本和关键。三是坚持人才为本，充分调动人才的积极性、主动性、创造性，出成果和出人才并举、科学研究和人才培养相结合。"[1]这些重要经验是我国在科技创新方面的精神财富，也是我们较之于竞争对手的非对称优势所在。我们今后要进一步结合实际情况，继续强化自身优势，为实现科技赶超提供基础和动力。

第二，强化重点科技领域自主创新能力，探寻赶超发展的非对称路径。

习近平总书记指出："只有把核心技术掌握在自己手中，才能真正掌握竞争和发展的主动权，才能从根本上保障国家经济安全、国防安全和其他安全。"[2]过去，"我国主要依靠引进上次工业革命的技术成果来发展社会经济。这种模式虽然凭借巨额的资源投入促进了经济的高速发展，但在创新绩效上并未获得相应比例的增长，本土创新能力严重落后于国家和社会的需要。"[3]现在，我们如果还采用这种策略和思路，与科技先进国家的差距就会越拉越大，我国的产业也会被长期定格在产业分工格局的低端。在日益激烈的全球竞争中，我们必须采取更加积极有效的应对策略，部署要有前瞻性，敢

1.中共中央文献研究室编：《习近平关于科技创新论述摘编》，北京：中央文献出版社2016年版，第38页。

2.中共中央文献研究室编：《习近平关于科技创新论述摘编》，北京：中央文献出版社2016年版，第36页。

3.《OECD中国创新政策研究报告》，薛澜、柳卸林、穆荣平等译，北京：科学出版社2011年版，第17页。

于走前人没有走过甚至不敢走的路，大胆探索我国的自主创新之路；要认真研究非对称战略和相应的措施，在涉及未来科技发展的重点领域实施一批重大项目，在核心关键技术方面实现突破与赶超。

第三，把握世界科技发展大势，精心设计跨越式赶超发展的非对称布局。

当今世界，科学技术发展日新月异，知识更替周期极大缩短，重大发现和革命性科技成果呈现爆发性增长态势。实施跨越式赶超发展战略，既要立足于科学技术发展的一般规律，又要打破常规，以出其不意的手段，做前人不敢做的事。这就要求我们在制定科技发展的目标时要具备非对称思维，一方面要有全球视野，找准我国科技发展现状和必须走的路径，做好顶层设计和政策落实；另一方面，要提高技术认知力，加强独创性设计，超前规划布局，下好先手棋，打好主动仗，发展特有的科技"杀手锏"，才能加速赶超步伐，实现赶超战略目标。[1]

---

1.参见刘立：《以非对称赶超战略推进科技强国建设——习近平科技创新思想的重大时代意义》，载《人民论坛·学术前沿》，2016年第16期，第63、64页。

# 第 **4** 章

## 单丝不线，孤掌难鸣

### ——为建设世界科技强国汇聚磅礴力量

世界科技强国竞争，比拼的是国家战略科技力量。国家实验室、国家科研机构、高水平研究型大学、科技领军企业都是国家战略科技力量的重要组成部分，要自觉履行高水平科技自立自强的使命担当。

　　——习近平总书记在中国科学院第二十次院士大会、中国工程院第十五次院士大会、中国科协第十次全国代表大会上的讲话（2021年5月28日）

民心是最大的政治，共识是奋进的动力。正如习近平总书记所强调的那样，"中华民族积蓄的能量太久了，要爆发出来去实现伟大的中国梦。"[1]只要广泛凝聚民心和力量，做大做好朋友圈，画出最大同心圆，凝结成心往一处想、劲往一处使的强大合力，就没有什么困难可以阻挡我们建设世界科技强国的前进步伐。

如今，世界正在经历百年未有之大变局。党的十九大绘就了建设社会主义现代化强国的宏伟蓝图、时间表和路线图，不仅激荡人心，更加催人奋进。在新的历史方位上，广大科技工作者是新时代的弄潮儿，站在推动历史变革的潮头，既然肩负着光荣而神圣的使命，就需要保持只争朝夕、奋发有为的奋斗姿态和越是艰险越向前的斗争精神，以钉钉子精神进行科学研究活动，力争踏石留印、抓铁有痕，以"功成不必在我"的精神境界和"功成必定有我"的历史担当，一张蓝图绘到底，一茬接着一茬干，一棒接着一棒跑，努力创造无愧于历史、无愧于时代、无愧于国家、无愧于人民的光辉业绩。

## 一、推进政府科技管理数字转型以提升科技治理能力

1996年，美国学者尼葛洛庞帝（Nicholas Negroponte）提出了"数字化生存"（Being Digital）的概念，用于描述当今信息通信技术对人类生活和工作所产生的深远影响。以云

---

1.杜尚泽、朱磊：《回访习近平总书记宁夏考察："社会主义是干出来的"》，载《人民日报》，2016年7月23日第1版。

计算、大数据、物联网、区块链、人工智能为主要技术手段，全球化、数字化、智能化为主要特征的时代变革正在席卷全世界。"数字化转型已是全球共识和大势所趋"[1]，一些在科技领域长期占据领先地位的国家，无不是建立在具备强大科技创新基础能力和丰富科技创新资源的基础之上，通过把数字化引入科技管理，实现了科技持续创新，为其长期占据科技制高点提供了不竭的动力和源泉。党的十九大报告提出要建设网络强国、数字中国、智慧社会，发展数字经济、共享经济。面对国内外的新情况新形势，以往单纯依靠政府行政干预去配置科技资源的管理模式也需要向数字化转型，也就是转向数字化管理。

"数字化管理"可以理解为"数字+网络"（D+N）。其中"数字"（Digital）既指数字化设备，例如计算机、数码相机等，又指在这些数字化设备上运行的数字信息；"网络"（Network）即网络连接。"数字化管理"不是"数字"与"网络"的简单加和，而是用网络将数字化设备连接在一起后的数字信息应用管理的升华。[2]

高速发展的互联网把人类带进了信息化时代，而信息化时代是一个信息爆炸的时代。很多管理者被淹没在无数的报表之中，身陷于信息孤岛之上。造成"信息孤岛"问题的原因有很多，而所得信息过于庞杂是其中的一个重要原因。在这些相关

---

1.中国信息通信研究院编：《5G干部读本》，北京：人民出版社2020年版，第2页。
2.参见任军、田华民、超英华、康玉珍：《"数字化管理"与科技管理的新范型》，载《科技管理研究》，2001年第4期，第65、66页。

信息中，既有过时信息又有实时信息、既有主要信息又有次要信息……如果管理者不能及时对信息进行筛选和归类，则会导致其在决策时对主要因素考虑不够，造成决策趋于片面的结果。今天，我们在享受信息化时代带来的便利之时，又该如何解决信息化带来的问题呢？"数字化管理"成为解决"信息孤岛"问题的有效途径。

| 知识链接 |

云南省加速科技管理数字化建设

云南省科技厅围绕共建共用共享、打通"信息孤岛""一号申请、一表通办、一网通办"等要求，着力建设全省统一的"云南省科技管理信息系统"，大幅提高数字化管理和服务的工作质量与效率。"云南省科技管理信息系统"实现了五大类科技计划项目、科学技术奖励、科研诚信、绩效追踪与评价等业务管理工作的全流程、无纸化网上办理，并与省政府和省发展改革委、省财政厅等服务平台进行对接。截至2021年1月，共有6052家单位实现"一号申请"，实现线上申报项目15267项，56258人次专家对8222个项目进行网上评审，向政务服务平台推送数据6296条，建成37258人的科技专家数据库。

第一，全面管理可以通过网络得以实现，使得决策管理不再是一句空话。项目申报前的预测、研究进行中的过程控制、结项后的成果总结与转化的管理模式也不再是纸上谈兵。例如，在科研经费管理过程中可以引入多人云上合作平台，该平台可以对科研项目经费管理各个环节中产生的大数据进行收集、存储、分类和分析，所得数据具有准确、唯一、即时的特点，使得传统对账环节不复存在，极大地方便了科研管理者查询和使用科研经费，大大提高了科研经费管理的效率。就科研项目管理而言，从项目立项到中期检查再到项目结题和成果转化都有大数据跟踪，科研管理过程中的人流、物流、信息流、资金流的整个运行过程一目了然，既能保证科研经费得到正确合理的使用，也可以促使科技管理变得更加便捷和高效。[1]

第二，数字化管理可以最大限度地利用信息资源。人的精力和时间都是有限的，而智能的数字化管理却是"不知疲倦"的，它不仅能够提供大量的数字化信息，还能够数字化地系统分析信息的特性，进而把管理者从"信息孤岛"中解放出来。

推进政府科技管理数字转型以提高国家科技资源整体配置效率和效益，需要重点做三个方面的工作。第一，推进政府宏观科技管理决策过程的数字转型。建立国家科技管理决策专家系统和智能化决策辅助系统，动态监测全球科技发展动向，评估好来自推动经济、社会和环境等领域发展而对科学技术提出的要求，支撑多元创新主体参与政府资助重大科技计划（项目）立项决策。第二，推进政府资助项目管理平台数字转型。建立政府资助科技计划（项目）全过程管理的数字转型规范，动态监测评价科技活动进展并推动信息有效共享，强化政府多部门协同攻关和系统集成。第三，推进科研成果管理模式的数字转

---

1.参见崔宁：《数字化时代企业科技管理研究》，载《企业改革与管理》，2019年第7期，第26、27页。

型。完善科学报告制度,建立数字化科学数据共享平台和科技成果社会监督评价机制。[1]

## 二、加快国家研究实验体系建设以提升创新创造能力

2020年9月11日,习近平总书记在科学家座谈会上的讲话中强调:"要组建一批国家实验室,对现有国家重点实验室进行重组,形成我国实验室体系。"[2] 国家实验室体系是我国在有限资源条件下,集中力量开展原始创新研究、重大关键技术研究和产业化共性技术研究,为国家解决复杂的、偏中长期的重大科学和技术问题,通过前沿科学研究和创新研究,为国家工业和企业的发展提供长期战略性的技术支撑、储备和基础,以及为国家培养高素质科技人才而建立的体系。

| 知识链接 |

国家研究实验体系的构成和功能是什么?

国家实验室是综合性科学研究中心,它根据国家战略目标和国家重大需求,围绕重大科技任务、重大科学工程和重大科学方向,通过机制创新和整合资源,促进协同创新,力争显著提高我国在若干关键领域的持续创新能力。

国家重点实验室是基础研究、应用基础研究和基础性

---

1.参见穆荣平、陈凯华:《建设世界科技强国总体思路与政策取向》,载《军工文化》,2021年第3期,第14-17页。
2.习近平:《在科学家座谈会上的讲话》(2020年9月11日),北京:人民出版社2020年版,第6页。

工作基地。

国家工程技术研究中心是行业共性技术研发、研究成果转化和产业化基地。

国家工程研究中心（工程实验室）是工程技术应用研究基地。

国家重大科技基础设施是为探索未知世界、发现自然规律、实现技术变革而提供极限研究手段的大型复杂科学研究系统，是突破科学前沿、解决经济社会发展和国家安全重大科技问题的物质技术基础。

国家野外科学观测研究站是野外长期定位科学研究实验基地，开展长期的野外观测和研究工作以获取一手科学数据，推动相关学科发展和科技进步。

国家科技基础条件共享服务平台是开展自然本底情况调研和资料整理，提供科技创新所需的共享服务。对科技资源进行合理归并，有机整合，为科技创新提供共享服务支撑。该平台主要由科学数据共享服务中心和网络、大型科学仪器设备和研究实验基地、科技图书文献资源共享服务网络、自然科技资源保存和利用体系、网络科技环境、科技成果转化公共服务平台等六大部分构成。

在1984年，为了加快我国社会主义现代化建设进程，围绕国家发展的战略目标，面向国际竞争，提高科技储备和原始创新能力，国家科技主管部门牵头启动了国家重点实验室建设计划，依托大学和科研院所着力创建国家重点实验室。在建设国家重点实验室的过程中，坚持顶层设计、全面布局、集中有限资源、遴选关键领域、凝练优势方向、体现国家意志，在优势学科和国际科技前沿建设基础研究的"国家队"。

为了更好地建设国家研究实验体系，提高创新创造能力，我国正在重点加强三个方面的工作。第一，以布局建设综合性国家科学中心为契机，集聚一批世界顶尖科学家，提升大学和科研院所前瞻性基础研究和前沿引领技术的原创能力，强化科学技术引领未来功能，引领学科交叉和融合科学发展。第二，建设一批国家研究中心、国家产业创新中心、国家技术创新中心、国家制造业创新中心、国家工程研究中心和国家工程技术创新中心，强化大学、科研院所和创新型企业在优势领域的科技创新能力。第三，以创建国家创新型城市（都市圈）和国家自主创新示范区为契机，强化建设具有区域或城市特色优势的创新体系，支撑基于创新驱动的区域发展。[1]

## 三、建设世界一流科技融合大学以成就中国科学学派

习近平总书记指出，"教育兴则国家兴，教育强则国家强"[2]，这个科学论断是对世界各个民族兴衰存亡历史经验的科学总结。从"教育救国""教育立国"到"教育兴国"和"教育强国"，也是对教育在各个国家、各个不同发展阶段功能作用的科学定位。

---

1.参见穆荣平、陈凯华：《建设世界科技强国总体思路与政策取向》，载《军工文化》，2021年第3期，第14-17页。
2.教育部课题组：《深入学习习近平关于教育的重要论述》，北京：人民出版社2019年版，第203页。

20世纪90年代，以色列总理拉宾（Yitzhak Rabin）曾经自豪地说："以色列只有550万人口，领土的60%是沙漠、90%是干旱地，但我们是农业强国、高科技强国。"[1]高技术产品占以色列出口产品的80%。是什么让以色列如此强大？原因之一就是以色列拥有七所一流大学。科技事业和教育事业始终紧密联系在一起。要促进科技进步、提高创新能力，关键是要依靠优秀人才。

建设具有中国特色、世界水平的现代教育体系，是中国特色社会主义进入新时代的重要使命之一。习近平总书记提出了"建设世界一流大学""办好中国的世界一流大学"[2]"办好中国特色社会主义大学"[3]的战略任务。

钱学森先生一直关心中国的教育事业发展。每每提到科技要发展、祖国要富强，他就必然会提到教育要改革、人才要培养。钱老曾语重心长地说："希望在青年。""现在中国没有完全发展起来，一个重要原因是没有一所大学能够按照培养科学技术发明创造人才的模式去办学，没有自己独特的创新的东西，老是'冒'不出杰出人才。这是很大的问题。"[4]

党的十九大报告提出建设教育强国的目标，把教育事业放

1.杨福家：《强国先强教》，中国科学院、中国工程院编：《百名院士谈建设科技强国》，北京：人民出版社2019年版，第68页。
2.习近平：《青年要自觉践行社会主义核心价值观——在北京大学师生座谈会上的讲话》（2014年5月4日），北京：人民出版社2014年版，第12页。
3.教育部课题组：《深入学习习近平关于教育的重要论述》，北京：人民出版社2019年版，第8页。
4.钱学敏：《钱学森科学思想研究》，西安：西安交通大学出版社2008年版，第181页。

在优先位置，深化教育改革，并作出了建设世界一流大学和一流学科的重要战略决策。这为我国实现"从教育大国向教育强国的转变"指明了前进的方向。"双一流"建设要注重大学的内涵式发展，要强调中国特色，强调各个学校、各个学科的特色。正如习近平总书记指出的："越是民族的越是世界的。世界上不会有第二个哈佛、牛津、斯坦福、麻省理工、剑桥，但会有第一个北大、清华、浙大、复旦、南大等中国著名学府。我们要认真吸收世界上先进的办学治学经验，更要遵循教育规律，扎根中国大地办大学。"[1] 我们大可不必跟在他人后面亦步亦趋，依样画葫芦，千校一面，这样很难办好中国特色社会主义大学。

| 知识链接 |

清华大学着力构建支持"双一流"建设的制度体系[2]

2020年9月18日上午，专家组在评议会上一致认为，清华大学"双一流"建设的实施过程与建设方案高度符合。清华大学全面、高质量完成"双一流"建设任务，办学质量、社会影响力和国际声誉持续提升，全面建成为世界一流大学。这得益于清华大学近年来坚持正确方向、坚持立德树人、坚持服务国家、坚持改革创新，着力构建支持"双一流"建设的制度体系。

在建立人才培养体系方面，清华大学深入构建价值塑

---

1.习近平：《青年要自觉践行社会主义核心价值观——在北京大学师生座谈会上的讲话》（2014年5月4日），北京：人民出版社2014年版，第13页。
2.参见教育部：清华大学着力构建支持"双一流"建设的制度体系，载《教育部简报》，2018年第34期。

造、能力培养、知识传授"三位一体"培养模式和教育理念。实施大类招生,将49个招生专业合并为16个大类,全面推行大类培养和管理。以"项目制"扎实推进专业学位研究生培养,设立创新领军工程博士项目,培养具有国际视野和工程综合创新能力的高端科技领军人才。

近年来,清华大学以促进学科交叉、军民融合、前沿科学部署、科技成果转化为重点开展科研体制机制改革。瞄准跨大学科、跨大领域前沿问题开展学科交叉合作,成立人工智能研究院、智能无人系统研究中心、大数据研究中心、脑与智能实验室、未来实验室等。先后出台和修订《关于促进跨学科交叉研究的指导意见》《交叉学科学位工作委员会工作办法》等,为学科交叉提供制度保障。

学校将教师人事制度改革作为综合改革突破口,构建以分系列管理、准聘长聘制度为核心的教师队伍管理体系。持续加大对青年教师的支持力度,加大顶尖人才引进力度和对学科带头人、学术骨干、优秀教师的支持力度。设立新百年教学成就奖和年度教学优秀奖,表彰倾情投入教学、教学效果在师生中享誉度高的一线教师。成立教师发展中心,完善教师教学培训体系,实施教师教学能力提升计划,实现教师教学培训全覆盖。

在提升国际影响力方面,清华大学发起成立亚洲大学联盟,与华盛顿大学、微软公司合作在西雅图创建全球创新学院(GIX),与米兰理工大学合作共建中意设计创新基地,与中国工程院、联合国教科文组织联合发起首届国际工程教育论坛,共同谋划工程教育的未来发展。在印度尼西亚建立东南亚中心，在智利筹备建立拉美中心，持续服务国家"一带一路"建设。

建设世界一流科教融合大学，培养高层次科技创新人才，成就中国科学学派，重点在于加强四个方面的工作。第一，建立研究型大学和一流科研院所科教融合机制，在面向世界科技前沿和国家重大战略需求的创新实践中培养高层次创新人才，在科教融合中强化研究型大学的科研功能和一流科研院所的研究生培养功能。第二，建立跨学科研究生培养机制，解决在培养研究生时所面临的学科壁垒问题，发挥科教融合优势，支持学科交叉、跨界融合，尤其要注重培养博士研究生的创新创造能力和系统集成能力。第三，探索符合规律的研究型大学与一流科研院所科教融合的组织模式，大力支持学术大师的思想传承以及科研组织的文化传承，在若干优势领域率先形成中国的科学学派。第四，扩大研究型大学和一流科研院所的研究生招生自主权，建立招生规模与科研活动规模相匹配的科教融合高层次人才培养的资源配置机制。[1]

## 四、建设世界一流国家科研机构以培育科技引领能力

国家科研机构是国家战略性科研力量的重要组成部分，也是知识创造和国家创新体系的主要力量。中国科学院等国家科

---

1.参见穆荣平、陈凯华：《建设世界科技强国总体思路与政策取向》，载《军工文化》，2021年第3期，第14-17页。

研机构在解决事关国家全局和长远发展的重大问题上，发挥着不可替代的重要作用。在新形势下，党和国家对中国科学院等国家科研机构提出了新任务、新要求和新希望。在面对构建战略性产业创新链条、攻关关键核心技术等国家重大战略需求时，在应对新一轮科技革命和产业变革所带来的机遇时，如何优化制度设计，进一步明确国家科研机构的战略定位，充分发挥国家科研机构在攻坚体系中的战略引领作用，全面提升核心技术攻坚体系的整体效能，亟须我们认真加强相关的战略研究和政策思考。

一个持续有效的技术创新体系，需要上下联动的顶层制度设计与合作机制。从国际经验来看，国家科研机构需要把战略性核心平台作为重点，深度联合产业界和学术界等各界力量来协同攻关重大源头技术，分享在突破科技前沿中所获得的收益，构建面向产业前沿突破的高效创新生态。

在体制顶层设计方面，国家科研机构需要进一步明确其核心战略定位和任务。坚定其在核心技术攻关体系中的战略平台定位，高效整合与优化配置分散的资源。在技术选择上，国家科研机构应该重点承担突破关键共性技术的主要战略任务，在突破关键核心技术的"主航道"中，形成有效的战略领位和卡位。

在机制设计方面，国家科研机构要构建现代化、科学化的知识产权成果管理机制。在实施重大项目之前，预判可能会出现的利益冲突问题，并通过设计透明的制度进行预先规范；根据科研成果来源和各类创新主体的贡献程度确定关键知识成果的权益归属，充分考虑各类创新主体的主要利益关切。国家科研机构要以深厚的知识积累、高水平的研发设施和权责清晰的合作规则,对产业研发伙伴形成强大的平台吸引力和凝聚力,激发研发合作方的贡献热情和创新潜能,只有彼此信任才能"并肩前行",从而有力地推动前沿技术面向商用化持续改进和创新突破,才能使"风险共担,成果共享"得到真正落实。

　　总而言之,在错综复杂的国内外形势下,攻克关键核心技术需要我们把握国际科技发展大势,坚定攻坚克难的信心,认真总结历史经验和预估可能存在的挑战因素。中国科学院等国家科研机构应该进一步探索有利于实现重大技术突破的组织模式,树立核心平台意识,引导各类创新主体进行深度合作与资源整合,从而有效发挥各方优势,为建设世界科技强国而提升我国核心技术创新体系的整体效能,突破"卡脖子"短板以作出国家战略科技力量应有的贡献。[1]

　　建设世界一流国家科研机构,强化国家战略科技储备,培育科技引领能力,需要加强三个方面工作。第一,坚持面向世界科技前沿、面向经济主战场、面向国家重大需求、面向人民生命健康的价值导向,明确国家科研机构的使命定位,建立国家科研机构动态调整机制,强化国家科研机构在基础性、战略性和前瞻性科学研究中的主导引领作用。第二,改革国家科研机构的资助模式,根据机构的使命定位确定其经费保障方式,对于面向世界科技前沿的国家科研机构,应该加大财政经费保

---

1.参见陈凤、余江、甘泉、张越:《国家科研机构如何牵引核心技术攻坚体系:国际经验与启示》,载《中国科学院院刊》,2019年第34卷第8期,第920-925页。

障力度；对于面向国家重大需求和面向人民生命健康的国家科研机构，应该加大重大科研任务的资助保障力度；对于面向经济主战场的国家科研机构，应该探索中央、地方政府和企业的多方联合资助模式以及各方的资助比例。第三，探索国家科研机构的国际化发展模式，通过双边或多边合作机制，建立全球科学技术研发合作网络，尤其是在全球面临的重大挑战领域应该着力构建全球科技创新命运共同体。[1]

## 五、支持企业技术创新体系建设以强化源头创新能力

技术创新是一项与市场密切相关的技术研发和技术更新活动，在这个过程中包括产品研发、产品生产和产品销售等主要环节，所有环节都需要以企业为主体。一旦离开企业这个重要载体，技术创新就缺少了原始驱动力，就很难建立起一个地区乃至一个国家的技术创新体系，更难以保证技术创新体系的有效运转。企业作为技术创新体系的中心和主体，拥有决策、开发、生产和销售等方面的决定权，能使技术开发活动和市场销售活动得以有效结合，从而能够较好地发挥技术创新体系推动经济发展的重要作用。此外，"新时代我国社会主要矛盾是人民日益增长的美好生活需要和不平衡不充分的发展之间的矛盾"[2]，

---

1.参见穆荣平、陈凯华：《建设世界科技强国总体思路与政策取向》，载《军工文化》，2021年第3期，第14-17页。
2.习近平：《决胜全面建成小康社会 夺取新时代中国特色社会主义伟大胜利——在中国共产党第十九次全国代表大会上的报告》（2017年10月18日），北京：人民出版社2017年版，第19页。

这就需要企业全面提高自身的技术创新能力，提高其产品品质，不断满足广大人民群众更高层次的物质文化需求。

　　支持企业构建符合自身特点和需求的技术创新体系，支持培育能够引领产业发展方向、具有世界一流水平的创新型企业不断涌现，突出强化企业的源头创新能力，为此，需要重点加强四个方面的工作。第一，以国家企业技术中心为主要抓手，支持企业建设国家技术创新中心、国家产业创新中心、国家制造业创新中心、国家工程研究中心、企业海外研发中心，构建起比较完善的企业技术创新体系。第二，加大企业研发支出加计扣除政策力度，支持企业承担国家科技计划项目，引导创新要素向企业加速集聚。第三，支持以企业为主导者来建立产学研创新联合体，鼓励企业与大学、科研机构共建联合实验室，开展行业关键共性技术攻关和技术标准制定活动，以更好地引领产业创新发展方向。第四，支持企业建立健全知识产权管理规范和管理机制，加大对知识产权的保护力度，提高市场准入技术标准，着力提高我国企业的国际竞争力。[1]

---

1.参见穆荣平、陈凯华：《建设世界科技强国总体思路与政策取向》，载《军工文化》，2021年第3期，第14-17页。

第 **5** 章

积力之所举，则无不胜也

——充分发挥中国特色社会主义制度优势

在推进科技体制改革的过程中，我们要注意一个问题，就是我国社会主义制度能够集中力量办大事是我们成就事业的重要法宝。我国很多重大科技成果都是依靠这个法宝搞出来的，千万不能丢了！要让市场在资源配置中起决定性作用，同时要更好发挥政府作用，加强统筹协调，大力开展协同创新，集中力量办大事，抓重大、抓尖端、抓基本，形成推进自主创新的强大合力。

——习近平总书记在中国科学院第十七次院士大会、中国工程院第十二次院士大会上的讲话（2014年6月9日）

历史经验充分证明，坚持党的集中统一领导是我国各个时期科技创新事业发展的根本政治保证。我国取得的绝大多数重大科技成果，都是在中国共产党的领导下进行的。尤其是计划经济时代的众多伟大科研成果，都是中国共产党对全国的人力、物力、财力进行集中调配的结果。这在人类科技史上都是值得大书特书的浓重一笔！

习近平总书记明确指出："我们最大的优势是我国社会主义制度能够集中力量办大事。这是我们成就事业的重要法宝。过去我们取得重大科技突破依靠这一法宝，今天我们推进科技创新跨越也要依靠这一法宝，形成社会主义市场经济条件下集中力量办大事的新机制。"[1]新时代新征程，党又为我们指明了前进的方向，再一次让我国的科技事业站在了新的起点上。

## 一、发挥党全面领导的政治优势

中国特色社会主义最本质的特征是中国共产党领导，中国特色社会主义制度的最大优势是中国共产党领导。坚持党的领导是当代中国的最高政治原则，是实现中华民族伟大复兴的关键所在。

中华人民共和国成立七十多年来的历史充分证明，中国奇迹的背后是中国共产党领导全国各族人民一路跋山涉水、一路砥砺奋进，是无数中国共产党人不忘初心、牢记使命的奉献与

---

1.习近平：《习近平谈治国理政》（第二卷），北京：外文出版社2017年版，第273页。

担当。在中国共产党的领导下，我们选择和确立了社会主义制度，中国特色社会主义道路、理论、制度、文化形成并不断完善和发展。中华民族发生的巨大变化、中国人民面貌的巨大变化都充分说明：历史和人民选择由中国共产党领导人民以实现中华民族伟大复兴的事业是正确的，只有中国共产党，才能救中国；只有中国共产党，才能发展中国。

"办好中国的事情，关键在党。"[1]对于后发现代化国家而言，制胜的决定性因素是强有力的政治领导。七十多年来，我们曾遭遇封锁与遏制，曾有过急躁与冒进，经历过特大洪水、地震、非典、新冠肺炎疫情等考验，也曾面对金融危机、贸易摩擦的挑战，然而"中国号"巨轮依旧劈波斩浪、一往无前，根本的一条原因就是我们始终坚持共产党的领导。指明前进的道路与方向，谋划发展的蓝图和方式，集中力量办大事……有了党的坚强领导，国家治理就有了坐镇中军帐的"帅"，现代化建设就有了坚强的"领航者"，亿万人民就有了共谋复兴的"主心骨"。可以说，党的领导是新中国成立七十多年来面貌发生巨大变化的根本原因。

回望历史长河，党中央在我国科技事业发展的每一个关键节点都作出了重大战略部署。"在革命、建设、改革各个历史时期，我们党都高度重视科技事业。从革命时期高度重视知识分子工作，到新中国成立后吹响'向科学进军'的号角，到改革开放提出'科学技术是第一生产力'的论断；从进入

---

1.习近平：《在庆祝中国共产党成立100周年大会上的讲话》（2021年7月1日），北京：人民出版社2021年版，第10页。

新世纪深入实施知识创新工程、科教兴国战略、人才强国战略，不断完善国家创新体系、建设创新型国家，到党的十八大后提出创新是第一动力、全面实施创新驱动发展战略、建设世界科技强国"[1]，党中央坚持牢牢把握我国科技创新的正确方向。这是我国科技创新事业取得历史性成就、发生历史性变革的根本保证。

新中国成立以来特别是我国实行改革开放政策以来，中国共产党充分发挥其强大的领导力、组织力、影响力，汇聚全国资源、举全国之力开展科技攻坚活动，取得了一批重大科技创新成果。在我国进入新发展阶段之后，中国共产党坚持科技创新与体制机制创新"双轮驱动"，不断发展和完善新型举国体制，坚持政府引导和市场机制相结合，建立高效的组织动员体系和科学严密的规划政策体系，打造中国特色国家创新体系。[2]

## 二、发挥新型举国体制的优势

坚定不移走中国特色自主创新道路，这条道路是有优势的，其最大的优势就是我国的社会主义制度能够集中力量办大事，这是我们事业成功的重要法宝。过去我们成功研制出"两弹一星"靠的是这个法宝，今后我们实现科技自立自强、实现跨越

---

1.习近平：《在中国科学院第二十次院士大会、中国工程院第十五次院士大会、中国科协第十次全国代表大会上的讲话》（2021年5月28日），北京：人民出版社2021年版，第2页。
2.参见王志刚：《从百年奋斗征程汲取智慧和力量 自觉担当科技自立自强时代使命》，载《光明日报》，2021年6月10日第6版。

式发展也要靠这个法宝。要结合社会主义市场经济的作用，发挥好我们的优势，加强统筹协调，促进协同创新，优化创新环境，形成推动科技发展的强大合力。"对一些方向明确、影响全局、看得比较准的，要尽快下决心，实施重大专项和重大工程，组织全社会力量来推动"[1]，"构建社会主义市场经济条件下关键核心技术攻关新型举国体制。"[2]

举国体制是指以国家利益为最高目标，动员和调配全国有关力量，包括物质资源和精神力量，攻克某项世界尖端领域或国家级特别重大项目的工作体系和运行机制。举国体制以实现国家利益为根本目标，用国家意志支配科技活动的方向和过程，以公共财政的支持为主要手段，为科技创新提供适宜的规则体系、组织构架和各类资源保障。举国体制在一定意义上体现了中国共产党"集中优势兵力，各个歼灭敌人"思想的延续。实践证明，举国体制对于推动我国科技事业的发展起到了十分重要的作用。新中国成立七十多年以来，我国取得的巨大科技成就从根本上看得益于我国的制度优势。

很多大家耳熟能详的重大科技成就，都是通过立项重大科技工程的方式取得的。在这些重大科技工程中，有的我们已经取得了丰硕成果，例如，"两弹一星"、核潜艇、载人航天、高铁、北斗卫星定位导航系统等；有的我们正在奋力研制，比如大飞机、芯片、航空母舰等。这些重大科技工程关系国家安全、

---

1. 中共中央文献研究室编：《习近平关于科技创新论述摘编》，北京：中央文献出版社2016年版，第35页。
2. 《中国共产党第十九届中央委员会第四次全体会议文件汇编》，北京：人民出版社2019年版，第41页。

关系国计民生、关系未来发展，是国家科技硬实力的重要标志，是中国崛起并参与国际竞争的必要条件。应当说，集中人力、物力、财力实施重点突破，是中国科技事业七十多年来取得历史性成就的基本经验之一，也是社会主义制度集中力量办大事的优势体现。在新时代条件下，整合制度优势，释放体制活力，将是中国科技再创辉煌的根本保障。[1]

实践证明：我国的举国体制富有生命力、战斗力和优越性，并且随着经济社会的变迁而不断演进为新型举国体制。我国的新型举国体制不仅继承了原有举国体制的优点，而且更加彰显了时代特点。较之于原有的举国体制，我国新型举国体制的"新"主要体现在：它是有效市场和有为政府的有机结合，是中国特色社会主义市场经济内涵的集中体现，它以基本实现国家治理体系和治理能力现代化为前提，更加具备全球化特征，更加重视科技创新和核心技术攻关。[2]概而言之，我国的新型举国体制具有以下四点优势：第一，集中力量办大事的制度优势；第二，适应我国发展新需求的优势；第三，"政府—市场"资源配置的协同竞争优势；第四，与全球化密切联系的优势。构建新型举国体制能够加强和完善党的领导，进而发挥中国特色社会主义制度的最大优势，有效应对中华民族伟大复兴征途中的各种挑战，有利于凝聚社会最大共识、维护民族团结、社会稳

---

1.参见杨玉良主编：《中国科技之路·总览卷·科技强国》，北京：科学出版社2021年版，第24、25页。
2.参见黄寿峰：《准确把握新型举国体制的六个本质特征》，载《国家治理》，2020年第2期，第7-10页。

定、推进国家完全统一，实现中国特色社会主义的更好发展。[1]

## 三、用好市场和政府"两只手"

现代市场经济主要有"两只手"在发挥协同作用。一只被人们称为"无形之手"，它体现着市场的力量，主要通过供求、价格、竞争等机制发挥作用；另一只被称为"有形之手"，它体现着政府的力量，主要通过制定产业政策、财政和货币政策、各种规划、法律法规和行政手段，将资源有目的地配置到相应领域。[2] "两只手"的理论形象地概括了市场与政府的关系。只有"两只手"都用好，让它们各就其位，各得其所，才能形成市场作用和政府作用有机统一、相互促进的有利格局，推动经济社会持续健康发展。习近平总书记明确指出："要推动有效市场和有为政府更好结合，充分发挥市场在资源配置中的决定性作用，通过市场需求引导创新资源有效配置，形成推进科技创新的强大合力。"[3]

正确处理市场与政府的关系也是我国新型举国体制一个最显著的特征。在配置资源方面，单纯依靠市场或政府的作用都有其片面性和局限性。新型举国体制要避免从传统的"忽视市场作

1.参见何虎生：《内涵、优势、意义：论新型举国体制的三个维度》，载《人民论坛》，2019年第32期，第56-59页。
2.参见《"看不见的手"和"看得见的手"都用好》，载《人民日报》，2014年8月22日第16版。
3.习近平：《在中国科学院第二十次院士大会、中国工程院第十五次院士大会、中国科协第十次全国代表大会上的讲话》（2021年5月28日），北京：人民出版社2021年版，第13页。

用、政府强力主导"转向"完全依赖市场、不要政府介入"的另一个极端。在新型举国体制中,市场与政府不是非此即彼的对立关系,而是要相互依存、互为补充,成为有机统一体。与原有的举国体制相比,新型举国体制既要贯彻国家意志,聚焦国家重大战略需求,把资源优先配置到合适的领域,高效组织科研活动协同攻关以实现国家战略目标,也要维护和激发各类创新主体的活力,发挥市场在科技资源配置中的决定性作用。新型举国体制要从行政配置资源为主向市场配置资源为主转变,从注重目标导向向目标与效益并重转变,达到投入少、效率高、收益好的良好效果。[1]一般来说,解决效率问题主要靠市场这只"无形之手",市场能办的事情就多交给市场来办,社会可以做好的事情就多交给社会来做;解决公平问题、满足公共产品的有效供给、制定出好的规章制度、当好市场运行的裁判员、弥补市场失灵的不足,则要靠政府这只"有形之手"的有效作为。当然,市场与政府也都不是万能的,都存在失灵的问题。只有通过高超的驾驭艺术打造有效市场和有为政府,让"两只手"扬长避短,社会主义市场经济才能焕发出巨大的生机和活力。

党的十八大以来,以习近平同志为核心的党中央迎难而上,对如何用好"两只手"不仅在理论上有着更加深刻的认识,更在实践中作出了很好的表率。为减少政府对市场的不必要干预,一方面,中央大力改革审批制度,审批"瘦身",为民间资本打破各种"玻璃门""弹簧门"……不仅保障了中国经济平稳换挡

---

1.参见睢纪刚、文皓:《制度优势结合市场机制 探索构建新型举国体制》,载《科技日报》,2019年12月6日第5版。

升级，也极大地激发了各主体的创新活力；另一方面，中央不断完善公共服务体系，提高公共治理水平，促进公平正义的实现，为我国的持续向好发展创造了一个更好的环境。[1]

## 四、整合优化科技资源配置

科技资源配置是指按需求方向对科技资源实行分配与组合，并努力实现资源优化配置，以期为科技创新活动提供良好的物质基础。科技资源配置是人类社会发展的要求，也是人与自然和谐发展、促进社会进步能动性的行为。[2]我国科技资源配置的战略目标是提高国家自主创新能力、建设世界科技强国。

习近平总书记强调指出："对科技创新来说，科技资源优化配置至关重要。'两弹一星'成功，有赖于一批领军人才，也有赖于我国强有力的组织系统。我们有大批科学家、院士，有世界级规模的科研人员和工程师队伍，要狠抓创新体系建设，进行优化组合，克服分散、低效、重复的弊端。要有一批帅才型科学家，发挥有效整合科研资源作用。要发挥企业技术创新主体作用，推动创新要素向企业集聚，促进产学研深度融合。要发挥我国社会主义制度能够集中力量办大事的优势，优化配置优势资源，推动重要领域关键核心技术攻关。要组建一批国家实验室，对现有国家重点实验室进行重组，形成我国实验室体

---

1.参见慎海雄：《领导干部要成为驾驭政府和市场关系的行家里手》，载《光明日报》，2014年6月9日第2版。
2.参见丁厚德：《科技资源及其配置的研究》，载《中国科技资源导刊》，2009年第41卷第2期，第3页。

系。要发挥高校在科研中的重要作用，调动各类科研院所的积极性，发挥人才济济、组织有序的优势，形成战略力量。"[1] 这为我国整合优化科技资源配置指明了方向。

---

1.习近平：《在科学家座谈会上的讲话》（2020年9月11日），北京：人民出版社2020年版，第6、7页。

第 **6** 章

创新之道，唯在得人

——夯实科技强国的人才基础

世界科技强国必须能够在全球范围内吸引人才、留住人才、用好人才。我国要实现高水平科技自立自强，归根结底要靠高水平创新人才。

——习近平总书记在中国科学院第二十次院士大会、中国工程院第十五次院士大会、中国科协第十次全国代表大会上的讲话（2021年5月28日）

在安徽合肥有一座科学岛, 对于大多数人来说, 这是一个既陌生又神秘的地方。共有2400多位科研人员生活和工作在这座岛上, 他们的生活也比较简朴: 一个菜市场, 一个商场, 以及通往市区的班车。在这样一个独立的科学岛上, 却有着众人皆有耳闻的人造太阳、全超导托卡马克装置, 还有在国际上享有极高声誉的稳态强磁场实验装置。然而, 在这些享誉全球的科研成果背后, 离不开八位从哈佛大学留学归来的中国博士后的共同努力。

58.03万、11.73%表征了2019年留学归国人员的数量及其较上年增长的幅度。如今, 回国已经成为越来越多新一代留学生的选择。一个更为强大的祖国, 足可以承载更加绚丽多样的梦想和更加激情澎湃的壮志, 越来越多的人才被祖国科技创新事业这个巨大"磁场"深深吸引。正如习近平总书记所强调的: "世界科技强国必须能够在全球范围内吸引人才、留住人才、用好人才。我国要实现高水平科技自立自强, 归根结底要靠高水平创新人才。"[1]建设世界科技强国为青年科技人才的发展提供了难得的历史机遇, 也是实现个人价值与实现中华民族伟大复兴中国梦目标的高度统一。青年科技人才勇担创新先锋需要全社会的关爱, 需要营造能够使青年人才脱颖而出的环境与平台。

---

1.习近平:《在中国科学院第二十次院士大会、中国工程院第十五次院士大会、中国科协第十次全国代表大会上的讲话》(2021年5月28日), 北京: 人民出版社2021年版, 第15页。

## 一、硬实力、软实力，归根结底要靠人才实力

人的创造性活动是科技创新的本质，人才资源是国家发展的第一资源，也是创新活动中最活跃、最积极的因素。科学技术发展史表明：谁拥有了一流创新人才、拥有了一流科学家，谁就能在科技创新中占据优势。没有强大人才队伍的强力支撑，科技创新就是无源之水、无本之木，建设科技强国必须要有一支规模宏大、结构合理、素质优良的创新人才队伍。当前我国更多科技领域从跟跑转向并跑和领跑，取得了一些举世瞩目的重大科技成果，这是广大科技工作者拼搏奋斗、勇攀高峰的结果。[1] 在迈向创新型国家前列、加快建设世界科技强国的新征程中，我们必须牢固树立"人才是第一资源"的理念并付诸实践。正如习近平总书记所指出的："牢固确立人才引领发展的战略地位，全面聚集人才，着力夯实创新发展人才基础。功以才成，业由才广。世上一切事物中人是最可宝贵的，一切创新成果都是人做出来的。硬实力、软实力，归根到底要靠人才实力。全部科技史都证明，谁拥有了一流创新人才、拥有了一流科学家，谁就能在科技创新中占据优势。"[2]

### （一）一流的人才是推动发生科技革命的重要因素

第一次科学革命发生在意大利、英国和法国，聚集了如

---

1.参见王志刚：《矢志科技自立自强 加快建设科技强国》，载《求是》，2021年第6期。

2.习近平：《在中国科学院第十九次院士大会、中国工程院第十四次院士大会上的讲话》（2018年5月28日），北京：人民出版社2018年版，第18、19页。

伽利略、牛顿、费马、笛卡尔等世界一流的学术大师。在第一次技术革命中，英国出现了瓦特等具有全球影响力的发明家，使得英国在这次革命中独占鳌头。第二次科学革命主要发生在德国，李比希、霍夫曼等著名化学家确立了德国在化学研究领域的领导地位，高斯、克莱因等数学家推动德国成为世界数学研究中心，施莱登、欧姆、亥姆霍兹、伦琴、普朗克、爱因斯坦等引领了第二次科学革命的发展方向。在第二次技术革命中，美国、德国率先发起以电力和内燃机技术为标志的技术革命，其中贝尔发明了全球第一部电话，特斯拉发明交流发电机和交流电运输模式，西门子发明电报机等，都显示了关键人才在其中所发挥的不可替代的作用。此后，以美国为中心的科技强国引发了第三次技术革命，推动电子计算机的快速发展和广泛应用，如今，美国作为世界科学中心的地位在短时间内恐难撼动。

（二）顶尖科学家的数量与科技强国的形成呈现一定相关性

仅以顶尖科学家尤其是诺贝尔科学奖获得者为例，其与科技强国的形成具有一定相关性。从诺贝尔科学奖获得者的国籍分布来看，1901年到2017年共有27个国家的600人次获得诺贝尔科学奖。其中美国拥有诺贝尔科学奖获得者279人次，占获奖总人数的46.5%，位居世界第一，排在美国之后的国家依次是英国、德国、法国、瑞士、瑞典、日本和俄罗斯。美国的诺贝尔科学奖获得者人数在1921年到1940年这段时间急剧增加，与其成为世界科技强国的崛起时间比较一致。德国诺贝尔科学奖获得者人数具有跳跃性，与20世纪20年代的科技繁荣和20世纪八九十年代科技兴起的时间相对应。日本在20世纪90年代提出"科学技术创造立国"的战略，开始重视加强基础科学研究，提升国家的原始创新能力，致力于建成世界科技强国，这与诺贝尔科学奖获得者人数所体现的发展趋势非常吻合。

（三）美国的崛起得益于汇聚世界科技人才

美国成为世界科技强国得益于二战期间形成的雄厚人才基础，尤其是聚集了一批来自世界各国的顶尖科学家。汇聚世界科技人才是以"曼哈顿计划"为代表的一批大型研究计划能够成功实施的重要原因，也为美国的军事研究水平领先世界其他国家奠定了良好基础。在这段时间，美国成功研制出电子计算机，使得美国在集成电路和电子计算机领域的研究水平在世界上占据了领先优势。二战时美国实施了一系列人才战略和政策，例如，对知识难民提供优先入境政策，"阿尔索斯突击队"专门在全球寻找优秀科学家等，这使美国在"二战"后从德国获取了很多火箭研发技术和优秀科技人才，包括爱因斯坦、波恩等超过千名科学家前往美国；此外，意大利的大批科学家也来到美国从事科研活动。美国在实施"阿波罗计划"的重要关键时期动用了40万名研发人员，使美国在航空航天领域独步全球，创造出许多影响人类社会发展的重大发明。

在第二次世界大战之后，美国的开放人才政策吸引了来自世界各地的很多科技精英定居美国，使得美国在1940年以后始终居于世界科学中心的位置。此后，形成了以国家目标为导向的"大科学"和以自由探索为导向的"小科学"相结合的国家创新体系。美国拥有世界上数量最多、研究水平最高的研究型大学。哈佛和耶鲁等美国高水平研究型大学聚集了世界一流的科研人才。从1901年到1999年，哈佛大学荣获诺贝尔科学奖的人数为24人，哥伦比亚大学、斯坦福大学、加州理工学院等大学的诺奖得主平均都在十人以上。美国各部委下设的国家实验室是世界上最大的科研系统之一。美国启动的国际重大科技计划如"人类基因组计划"等也汇聚了全球的顶尖人才。[1]

（四）中国有"尚贤爱才"的优良传统

事实上，我国自古就有尚贤爱才的优良传统，"为官择人，唯才是与"的指导思想贯穿着我国的历史进程。纵观我国的发展历史，许多取得重大成就的领导者都在用人的眼界、胸怀、魄力和气度上高人一等。战国七雄争霸，最终由秦国一统天下，这与秦国积极开放的用人政策密切相关。秦穆公时的百里奚是楚人，秦孝公时的商鞅是卫人，秦惠文王时的张仪是魏人，秦王嬴政时的吕不韦、李斯也都是从其他诸侯国引进的优秀人才。对待这些外来的优秀人才，秦王"皆委国而听之不疑"；而与之相反，"六国所用相，皆其宗族及国人"。李斯《谏逐客书》所述"士不产于秦，而愿忠者众"成为秦国取得最终胜利的关键注解。[2]

---

1.参见王英俭、陈套：《关于科技强国建设的科技史维度思考——兼论对"创新是第一动力，人才是第一资源"再认识》，载《中国科学院院刊》，2018年第33卷第10期，第1067-1069页。

2.参见王小凡、张赟：《聚天下英才而用之：将中国打造为充满竞争力的国际人才高地》，载《中国科学院院刊》，2017年第32卷第5期，第463页。

表2 各国引进科技人才的十大策略

| 序号 | 吸引政策 | 代表国家和地区 |
|---|---|---|
| 1 | 完善技术移民制度吸引高技能科技人才 | 美国、澳大利亚、德国、英国等 |
| 2 | 推行双重国籍吸引环流型科技人才 | 俄罗斯、日本、韩国、印度、巴西等 |
| 3 | 大量招收科学、技术、工程、数学（STEM）领域外国留学生 | 美国、澳大利亚、加拿大等 |
| 4 | 对高层次科技人才给予补贴或税收优惠 | 德国、韩国、马来西亚、泰国等 |
| 5 | 鼓励跨国公司吸收海外科技人才 | 美国、以色列等 |
| 6 | 设立国家猎头全球搜寻高科技人才 | 新加坡、印度等 |
| 7 | 引导海外专业社团推动科技人才回流 | 印度、以色列等 |
| 8 | 建立国际科技人才信息库与交流市场 | 韩国、印度等 |
| 9 | 积极推动国际科技交流与合作储备科技人才 | 欧盟、以色列等 |
| 10 | 建立高科技园区聚集科技人才 | 美国、韩国、印度等 |

资料来源：苗绿、王辉耀、郑金连：《科技人才政策助推世界科技强国建设——以国际科技人才引进政策突破为例》，载《中国科学院院刊》，2017年第32卷第5期，第523页。

如今，我国拥有世界上最大规模的人才队伍，是一个名副其实的人力资源大国，但是，我国的人才国际竞争力与发达国家相比还存在一定差距。同时，由于全球范围新兴产业发展的速度远远快于人才培养的速度，人才短缺问题不断加剧。当前，我国经济正处于向创新驱动发展转型的重要阶段，知识密集型的高科技产业与智能装备制造业的快速发展致使创新领域的人才短缺问题更加凸显。以人工智能产业为例，国内人才严重不足，估计人才缺口在未来几年将超过500万人。[1]因此，创新人

---

1.参见赵曙明：《聚天下英才而用之》，载《人民日报》，2021年6月8日第13版。

力资源管理模式、夯实产业转型发展的人才基础不仅势在必行而且迫在眉睫。这就要求我们必须拓展思路,以更加广阔和开放的视野去完善人才引进、人才培养、人才使用以及留住人才的体制机制,真正做到在全球范围内挖掘、使用和配置人才资源。形成天下英才聚神州、万类霜天竞自由的良好局面。

## 二、加快形成有利于人才成长的培养机制

人是科技创新最关键的因素,创新的事业呼唤创新的人才。党的十八大以来,以习近平同志为核心的党中央所践行的创新驱动发展战略实质是人才驱动发展战略,不断改善人才发展环境、激发人才创造活力,大力培养造就一大批具有全球视野和国际水平的战略科技人才、科技领军人才、青年科技人才和高水平创新团队。从"天眼"探空到"蛟龙"探海,从页岩气勘探到量子计算机研发……众多重大科技成果的问世,莫不源于科技工作者的忘我投入和奋力攻关。实践证明:广大科技工作者为我国科技事业发展提供了源源不断的智力支持,是建设世界科技强国最为宝贵的财富。应当看到,要贯彻落实党的十九大作出的"加快建设创新型国家"的战略部署,实现成为世界主要科学中心和创新高地的目标,目前我国高水平创新人才仍然不足,特别是科技领军人才匮乏。牢固树立人才是创新第一资源的理念,培养造就大批优秀科技人才,十分紧迫,极为重要。[1]

---

1.参见人民日报评论员:《培养造就大批优秀科技人才——五论学习贯彻习近平总书记两院院士大会重要讲话》,载《人民日报》,2018年6月2日第1版。

科学的人才培养机制是造就人才成长的沃土，是催生人才辈出的动力，也是调动各类人才充分发挥作用的根本。"实践长才干，历练出人才"。要形成有利于人才成长的培养机制，首先要建立学校教育和实践锻炼相结合、国内培养和国际交流相衔接的开放式人才培养体系，探索并推行创新型教育方式和方法，突出培养学生的科学精神、创造性思维和创新能力；要依托国家重大科研项目和重大工程、重点学科和重点科研基地、国际学术交流合作项目，创建一批高层次创新型科技人才培养基地，加强培养领军人才、核心技术研发人才和建设科技创新团队，形成科研人才和科研辅助人才衔接有序、梯次配备的合理结构。着力优化工作环境，采取政策扶持、政治关心、经济鼓励等措施，引导各类人才大胆实践、勇于创新，同时营造宽容失误和失败的氛围，让各类人才尽情发挥其聪明才智。具体来说，基于新时代科技强国的主要特征，我国需要从以下几个方面着力培养科技创新人才。

在素质培养方面，未来科技人才需要有科学情怀、战略思想、原创能力和新型科研能力。科学情怀强调对真善美、人文关怀、和谐包容、民族进步的一种使命感；在战略思想中，应重视宏大格局和系统思维能力的培养，重视基于人类历史长河的叙事能力；在原创能力中，着重加强想象力的培养，为创意灵感的产生提供宽松自由的环境；在新型科研能力中，重视并培养发现问题、高效学习、多学科关联能力、跨文化移情能力、多学科融合融通的能力。

在培养规模方面，由于科技创新的大众化和网络化趋势，需要参照发达国家，提高全民科学素养，提高科技人力资源的总体占比水平。

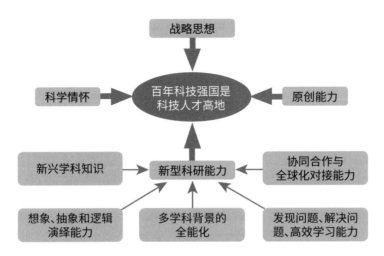

\* 百年科技强国人才素质特征

资料来源：洪志生、秦佩恒、周城雄：《第四次工业革命背景下科技强国建设人才需求分析》，载《中国科学院院刊》，2019年第34卷第5期，第528页。

在人才结构方面，重视科技创新链各环节的科技人才，重视推动新一轮科技革命发展所需要的各学科专业人才，尤其是应该重点培养算法和数字分析领域的人才；基于创新全球网络化，充分认识科技人才国际化的新内涵，既大力吸收高端外籍人才，也通过设立驻外科研机构借智借力。[1]

## 三、加快形成有利于人尽其才的使用机制

加快形成有利于人尽其才的使用机制，需要牢固树立"以用为旨"的人才使用观。人才作为一种特殊的资源，只有在有

––––––––––

1.参见洪志生、秦佩恒、周城雄：《第四次工业革命背景下科技强国建设人才需求分析》，载《中国科学院院刊》，2019年第34卷第5期，第530页。

效的使用中才能创造出更大的价值。做好人才工作要坚持"以用为旨"，围绕用好用活这个核心去培养、引进、使用和激励人才。"使各类人才各得其所、各尽其才、才尽其用。"[1] 由此看来，我们要根据人才的特点和个性，给予不同的任务，因材施策，充分发挥人才的优势和潜能，使其发挥最大的作用。另外，要创造灵活的机制，促进人才交流和双向流通，使人才能够自由流动，并在流动中创造更大的价值。

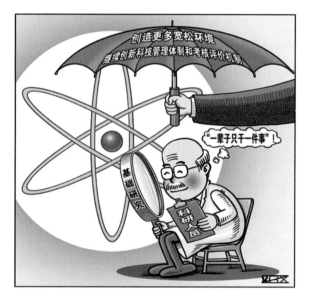

＊ 支持（新华社　翟桂溪/作）

　　为了创造人才发展的条件，必须从科研资源供给的源头为人才施展才华提供更有力的保障。在科学和技术创新方面，对

---

1.易昌良主编:《中国创新发展研究报告》,北京:人民出版社2019年版,第168页。

科学基金管理体制机制进行大胆改革，减少科学基金申请和使用过程中的相关行政审批环节，尽量避免其他无关机构参与甚至影响学术机构资金的评审机制，并简化流程，给予科学基金使用者更大的自主权，节省科研工作人员的时间和精力，使科学基金真正为科学发展事业服务，为人才的创新活动服务。与此同时，要使科研人员在研究方向、资金使用、成果转化等方面有更多的自主权。在这方面，习近平总书记强调指出："对待特殊人才要有特殊政策，不要求全责备，不要论资排辈，不要都用一把尺子衡量"[1]，"不能让繁文缛节把科学家的手脚捆死了，不能让无穷的报表和审批把科学家的精力耽误了！"[2]要使科研人员能够更好地规划自己的研究工作，更好地参与到建设科技强国的伟大战略中，助力实现中华民族的伟大复兴。

＜拓展阅读＞

科研经费管理再改革

国家统计局今年发布的2020年国民经济和社会发展统计公报显示，我国全年研究与试验发展经费支出24426亿元，比上年增长10.3%，其中基础研究经费1504亿元。整体投入排名世界第二。根据中国科协统计的数据，目前我国科技工作者总人数超过9100万，位居世界第一。

"钱有了，人多了，但我国的科技创新能力却和每年科

---

1.习近平：《在网络安全和信息化工作座谈会上的讲话》（2016年4月19日），北京：人民出版社2016年版，第25页。
2.习近平：《在中国科学院第十九次院士大会、中国工程院第十四次院士大会上的讲话》（2018年5月28日），北京：人民出版社2018年版，第19页。

研投入不相匹配，被'卡脖子'的核心技术仍然很多，基础研究中国际领先的原创性成果偏少。"中国科学院一位老院士曾经发出这样的感慨。

原因固然是多方面的，但业内人士认为，除了我国科研基础薄弱、发展时间不够长等客观因素外，科研经费在申请、管理、使用方面存在不少"难点""堵点""痛点"也是其中的重要原因。

2021年8月13日，《国务院办公厅关于改革完善中央财政科研经费管理的若干意见》公布，从7个方面提出25条"硬核"举措，为科研经费"松绑"，赋予科研人员更大的科研项目经费管理自主权；加大科研人员激励力度；减轻科研人员事务性负担，一系列公众关切、期盼已久的政策措施、制度安排落地，引发科技界的强烈反响。[1]

## 四、加快形成竞相成长、各展其能的激励机制

只有完善激发人才创新创造活力的激励机制，用好、用活人才培养，才能造就一批优秀的科技人才。而在这个过程中，解决人才评价制度不合理、人才管理制度不适应科技创新要求、不符合科技创新规律等问题，关键是要完善科技人才评价和激励机制，形成竞相成长的局面。

我们要健全以创新能力、创新质量、创新实效、创新贡献

---

1.参见袁于飞：《科研经费管理再改革：加大激励力度，扩大项目管理自主权》，载《光明日报》，2021年8月16日第8版。

为导向的科技人才评价和激励机制，"构建充分体现知识、技术等创新要素价值的收益分配机制。选好用好领军人才和拔尖人才，赋予更大技术路线决定权和经费使用权。全方位为科研人员松绑，拓展科研管理'绿色通道'。实行以增加知识价值为导向的分配政策，完善科研人员职务发明成果权益分享机制，探索赋予科研人员职务科技成果所有权或长期使用权，提高科研人员收益分享比例。深化院士制度改革。"[1]形成并实施有利于科技人才潜心研究和从事科技创新活动的评价制度；注重个人评价和团队评价相结合，尊重和认可团队所有参与者的实际贡献。

与此同时，"完善科技奖励制度，让优秀科技创新人才得到合理回报，释放各类人才创新活力。"[2]2016年，《关于实行以增加知识价值为导向分配政策的若干意见》提出构建体现智力劳动价值的薪酬体系和收入增长机制，使科研人员收入与其岗位职责、工作业绩、实际贡献紧密联系，让那些有真才实学、作出重要贡献的人才有更大的成就感和获得感。要建立体现各类人才价值的评价体系，解决"出名后无成果、奖励政策效应递减"的突出问题。用好人才评价这个"指挥棒"，为创新培植沃土、涵养水分。同时，"也要加强学风建设和科研诚信管理，健全学术不端惩戒机制，对学术造假行为零容忍，严肃处理和曝光典型案例，形成风清气正的学术环境。要加大科技宣传的力度，推出更多优秀科技人员的典型，加强对重要政策措施的

1.《中华人民共和国国民经济和社会发展第十四个五年规划和2035年远景目标纲要》，北京：人民出版社2021年版，第20页。
2.习近平：《在中国科学院第十九次院士大会、中国工程院第十四次院士大会上的讲话》（2018年5月28日），北京：人民出版社2018年版，第19页。

解读，营造包容宽容、有利于创新的良好舆论氛围。"[1]

## 五、加快形成各类人才脱颖而出的竞争机制

科技创新是一种复杂的精神生产领域的脑力劳动，需要静心、全心投入才可能产出成果；科研人员也有好强好胜之心，追求自身价值和人生的成就感。因此，建立科学合理的人才评价体系就尤为重要。它既能让才华出众的科研人员脱颖而出，又能使其摆脱浮躁，潜心研究。[2]

要把有利于激发科技创新活力的竞争规则建设放在更加突出的位置。激烈、公平的竞争规则有利于激发科研人员的创新活力、提高创新资源的配置效率，为科技发展提供强大的内在驱动力。为此，我们需要着力加强知识产权保护。在知识经济时代，加强知识产权保护是公正分配科学荣誉和创新收益的内在要求，是应对国际科技创新规则调整、增强我国科技实力的重要举措。我们要直面在知识产权保护观念和措施等方面的"短板"，完善制度建设、加大执法力度，把知识产权保护之网织好织牢。此外，我们还需要继续深化科技评价制度改革。正如价格机制之于市场运行一样，合理的评价制度是科技系统持续健康运行的重要基础，为此要进一步深化以人才评价、项目评审、机构评估为核心的科技评价制度改革，让评价标准更能体现创新实效，让评价

1.刘延东：《实施创新驱动发展战略 为建设世界科技强国而努力奋斗》，载《求是》，2017年第2期。
2.参见李松：《坚持自主创新 引领科技发展》，中国科学院、中国工程院编：《百名院士谈建设科技强国》，北京：人民出版社2019年版，第683页。

主体更能胜任评价活动，让评价方式更加符合科研规律，真正实现举贤任能、实至名归、物有所值的评价。[1]

＊ 加强保护（新华社 徐骏/作）

寻觅人才求贤若渴，发现人才如获至宝，举荐人才不拘一格，为各类人才铺就成长进步、施展才华的广阔舞台，提供人生出彩、梦想成真的机会，党和国家的科技事业必将越来越兴旺。

───────────────

1.参见卢阳旭：《聚焦"四个面向"，着力加强科技创新生态建设》，载《科技日报》，2020年9月14日第3版。

# 第 7 章

## 繁霜尽是心头血，洒向千峰秋叶丹

### ——以科学家精神照亮科技强国之路

要有强烈的爱国情怀。这是对我国科技人员第一位的要求。科学无国界，科学家有祖国。要热爱我们伟大的祖国，热爱我们伟大的人民，热爱我们伟大的中华民族，牢固树立创新科技、服务国家、造福人民的思想，继承中华民族"先天下之忧而忧，后天下之乐而乐"的传统美德，传承老一代科学家爱国奉献、淡泊名利的优良品质，把科学论文写在祖国大地上，把科技成果应用在实现国家现代化的伟大事业中，把人生理想融入为实现中华民族伟大复兴的中国梦的奋斗中。

　　——习近平总书记在中国科学院考察工作时的讲话（2013年7月17日）

在2020年9月11日召开的科学家座谈会上,习近平总书记强调指出:"科学成就离不开精神支撑。科学家精神是科技工作者在长期科学实践中积累的宝贵精神财富。"[1]习总书记的重要讲话是对我国几代科学家立志报国、攻坚克难的褒奖,更是对科技界在当下勇挑重担、开拓创新的期许。大力弘扬新时代科学家精神,激发青少年树立追求科学真理、勇攀科学高峰的科学精神,形成勇于创新、严谨求实的学风,让中国未来的科技天地群英荟萃,让未来科学的浩瀚星空熠熠生辉!

## 一、科学成就离不开精神支撑

科学家精神是胸怀祖国、服务人民的爱国精神。"干惊天动地事,做隐姓埋名人!"从无到有、从弱到强,我国科技事业取得的历史性成就,是一代又一代矢志报国的科学家前赴后继、接续奋斗的结果。从李四光、钱学森、钱三强、邓稼先等一大批老一辈科学家,到陈景润、黄大年、南仁东等一大批新中国成立以后成长起来的杰出科学家,一代代科学家用生命和忠诚铸就了具有中国特色的科学家精神。家国情怀、矢志报国的精神是攻克科技难题、推动科技进步的重要法宝,是推动实施国家科教兴国战略、实现高质量发展的精神支撑。

科学家精神更是勇攀高峰、敢为人先的创新精神。我国"十四五"时期以及更长时期的发展对加快科技创新步伐提出了

---

1.习近平:《在科学家座谈会上的讲话》(2020年9月11日),北京:人民出版社2020年版,第11页。

更为迫切的要求。科技创新是推动高质量发展、实现人民高品质生活的需要；更是构建新发展格局、顺利开启全面建设社会主义现代化国家新征程的需要。

当前国际形势瞬息万变，我国发展面临的国内外环境都在发生着深刻而复杂的变化。在今后一个时期，我国将面对更多逆风逆水的国际环境，必须做好应对一系列新的风险挑战的准备。在这个过程中，科技的发展至关重要。如何用科学家精神引领我国科技创新前进的脚步，如何用好科技这把利器，以科技创新推动社会经济的发展，是我国广大科技工作者必须答好的答卷。

## 二、科学无国界，科学家有祖国

科学虽无国界，但科学家有祖国。习近平总书记提出殷切期望，"希望广大科技工作者不忘初心、牢记使命，秉持国家利益和人民利益至上，继承和发扬老一辈科学家胸怀祖国、服务人民的优秀品质，弘扬'两弹一星'精神，主动肩负起历史重任，把自己的科学追求融入建设社会主义现代化国家的伟大事业中去。"[1]

我国古代知识分子就一直有着"先天下之忧而忧，后天下之乐而乐"的爱国情怀。到了近现代，我国更不缺少胸怀祖国、无私奉献、淡泊名利的优秀科学家。以钱学森、邓稼先、郭永

1.习近平：《在科学家座谈会上的讲话》（2020年9月11日），北京：人民出版社2020年版，第12页。

怀为代表的老一辈科学家,热爱祖国、无私奉献、自力更生、艰苦奋斗,克服了常人难以想象的各种艰难险阻,突破了重重科技难关,独立研制成功"两弹一星",显示了中华民族在自力更生基础上屹立于世界民族之林的坚强决心和实力。以南仁东、黄大年、钟扬为代表的新一代科学家,心有大我、至诚报国、坚毅执着、淡泊名利,牢牢坚守科技报国的初心,执着追求科技创新的理想,激励着广大科技工作者不断奋勇前行。

殷殷爱国情,拳拳赤子心。只要我国科技工作者不忘初心、牢记使命、接续奋斗,把个人的科研梦想融入建设社会主义现代化强国的伟大事业中,就一定能汇聚起建设世界科技强国的磅礴力量,创造出无愧于历史、无愧于时代、无愧于人民的新的光辉业绩。

## 三、大力弘扬新时代科学家精神

2019年5月28日,中共中央办公厅、国务院办公厅印发了《关于进一步弘扬科学家精神加强作风和学风建设的意见》,要求大力弘扬胸怀祖国、服务人民的爱国精神,勇攀高峰、敢为人先的创新精神,追求真理、严谨治学的求实精神,淡泊名利、潜心研究的奉献精神,集智攻关、团结协作的协同精神,甘为人梯、奖掖后学的育人精神。这对于引导广大科技工作者勇攀科技高峰、汇集各方英才建设世界科技强国具有重要意义。

回望新中国成立七十多年以来的峥嵘岁月,一代又一代科技工作者心系家国天下、逐梦科技强国,以强烈的爱国情怀、高尚的人格品行、深厚的学术造诣、宽广的科研视角,谱写出一篇篇可歌可泣的人生绚丽篇章，为我国作出彪炳史册的重大贡献，同时也铸就了他们独特的精神气质。

1.一片冰心在报国：弘扬胸怀祖国、服务人民的爱国精神

爱国，刻在每一个中国人赤子之心上的厚重二字；爱国精神，作为中华民族精神的核心，也是中国科学家必须具备的基本精神。科学家有祖国，科学家的科研事业是为了祖国的繁荣昌盛、人民的幸福安康。祖国要富强，则科技必先强，而科技强国正是需要科学家们怀着满腔爱国热情和一腔热血投身到科研活动中，把国家和人民的利益摆在首位，用雄厚的实力为祖国繁荣发展提供强力支撑。袁隆平先生倾其一生为国耕耘，程不时自青年时代就立志为国家造大飞机，无数海外学子放弃国外优渥的待遇毅然决然地回到祖国的怀抱，干祖国需要的事业，到祖国需要的地方，一代代科学家怀着拳拳赤子心，悠悠爱国情，坚守初心使命，助力祖国建成社会主义现代化强国。

2.创新敢为世界先：弘扬勇攀高峰、敢为人先的创新精神

如果说爱国精神是激发我国广大科技工作者投身创新的情感力量，那么，创新精神就是激发创造性和开创未来的理性力量。创新引领发展，科技赢得未来。"创新是一个民族进步的灵魂，是一个国家兴旺发达的不竭动力，也是中华民族最深沉的民族禀赋。在激烈的国际竞争中，惟创新者进，惟创新者强，惟创新者胜。"[1]习近平总书记指出："现在，我国经济社会发展和民生改善比过去任何时候都更加需要科学技术解决方案，都更加需要

---

1.中共中央文献研究室编：《习近平关于科技创新论述摘编》，北京：中央文献出版社2016年版，第3页。

增强创新这个第一动力。"[1]广大科技工作者要树立敢于创新的雄心壮志,大力弘扬勇攀高峰、敢为人先的创新精神,敢于提出新理论、开辟新领域、研究新方法、探索新路径。坚持面向世界科技前沿、面向经济主战场、面向国家重大需求、面向人民生命健康,把自己的科学追求融入全面建设社会主义现代化强国的伟大事业中去,在独创性上下功夫,在解决受制于人的重大瓶颈问题上强化担当作为,努力实现更多"从0到1"的历史性突破。[2]

3.千淘万漉只为真:弘扬追求真理、严谨治学的求实精神

科学家要出"真"成果,就要下"真"功夫,要发扬求实精神。求实亦可理解为求真务实、实事求是,它是忠于事实的态度,是勤恳踏实的作风,是坚持真理的信念,是严谨治学的追求,是科学家对科学的尊重和敬意,也是新时代科学家精神的本质特征。当今时代,国际竞争和科技角逐的主战场在于"卡脖子"的关键核心技术以及重大基础研究成果。要在这些方面取得重大突破,就要敢于破除窠臼思维和摆脱路径依赖。不唯书不唯上,只唯真理并以严谨治学的态度追求真理。

4.不为名利遮望眼:弘扬淡泊名利、潜心研究的奉献精神

奉献精神,是我国老一辈科学家身上最宝贵的品质。无私奉献也是中华民族的一项优良传统,是广大科技工作者崇高道德品质的生动写照。科技工作者奋斗在自己的工作岗位上,始终兢兢业业、潜心学习、刻苦钻研,将自己的一生都献给了祖国的科

---

1.习近平:《在科学家座谈会上的讲话》(2020年9月11日),北京:人民出版社2020年版,第4页。
2.参见胥伟华:《弘扬新时代科学家精神》,载《人民日报》,2021年6月16日第13版。

技事业，献给了国家和人民。他们淡泊名利、不求回报，只为推动国家科技进步。他们先人后己，或甘于清贫，或扎根贫瘠，或迎难而上，为的是早日研发出科研成果来造福人民。"两弹一星功勋奖章"获得者程开甲先生隐姓埋名，奔赴西北荒漠，在无私奉献中发挥人生价值；"天眼之父"南仁东先生长期奔波于工地而无怨无悔，在无私奉献中干下实事；我国著名的地球物理学家黄大年先生在给同学的毕业赠言中写道："振兴中华，乃我辈之责"……

5.集智攻关无不成：弘扬集智攻关、团结协作的协同精神

我国科技工作者能够取得举世瞩目的成就，离不开每个人的辛勤付出，也离不开彼此的精诚协作。科技工作者凭借其大局意识和远见卓识，围绕国家重大战略需求，不仅加强国内的科研合作，而且还不断拓宽国际视野，促进国际科研交流与合作，在团结协作中不断攻克科技难题，提高我国的科学技术水平和国际影响力。团结协作也是我国的优良传统，立足新时代，培育时代新人，我们仍然要培养青年形成团结协作的优良品质，大力弘扬科学家的协同精神，增强青年科研团队协作意识和集体意识，树立大局观念，促进共同发展。

6.甘为育人"铺路石"：弘扬甘为人梯、奖掖后学的育人精神

科研工作是一项承前启后、接续奋斗的伟业。科学家精神内涵十分丰富，具有崇高道德品质的科学家是青年成长成才路上的榜样和楷模。培育时代新人，要大力挖掘科学家精神中所蕴含着的丰富育人价值，发挥好广大科技工作者"引路人"的作用，为培育新时代有本领、有潜力、有担当的青年科技人才

铺路架桥，为建设科技强国提供强大的后备军和新生力量，从而保障我国的科技事业能够代代传承、持续发展。

科学家精神是一盏指路明灯，它解决了科研路上的一些最基本问题。"爱国、奉献的'家国情怀'，是科学家精神的锚点，解决了'科研为谁做'的问题。创新、求实的'科学态度'，是科学家精神的本质，解决了'科研怎么做'的问题。协同、育人的'薪火传承'，是科学家精神的源泉，解决了'科研谁来做'的问题。"[1]科学家精神是我们宝贵的精神财富。唯有弘扬科学家精神，我国科技工作者才能拥有不断创新的动力，才能肩负起历史赋予的科技创新重任。

大力弘扬新时代科学家精神，要求广大科技工作者静心笃志、心无旁骛、力戒浮躁，甘坐"冷板凳"，肯下"十年磨一剑"的苦功夫，接续一代又一代科学家楷模为国建功立业的无上荣光，响应党的号召、听从祖国召唤、挺立时代潮头，保持深厚的家国情怀和强烈的社会责任感，努力创造光辉业绩。因此，我们要发扬以爱国主义为鲜亮底色的科学家精神，"始终以'从零开始'的心态积极投身科技创新事业。加强作风和学风建设，坚守学术道德和科研伦理，践行学术规范，让学术道德和科学精神内化于心、外化于行，涵养风清气正的科研环境，培育严谨求是的科学文化。坚持胸怀大局、着眼长远，为国举才、为国育才，培养造就更多具有国际竞争力的青年科技人才后备

---

1.佘惠敏：《弘扬科学家精神 走新时代创新之路》，载《经济日报》，2020年11月20日第4版。

军，让科技报国的传统薪火相传。"[1]

大力弘扬新时代科学家精神，历来都不是一句简简单单的响亮口号，它体现在每一位科技工作者的实际工作中，指引着科学家拓展知识和追求真理，服务于国家利益和人民利益；它鼓励广大科技工作者瞄准前沿、勇攀高峰，把论文写在祖国的大地上，把科技成果应用在实现我国建设社会主义现代化强国的伟大事业中。

---

1.李晓红：《为建成世界科技强国不懈奋斗（深入学习贯彻习近平新时代中国特色社会主义思想）》，载《人民日报》，2021年6月16日第13版。

第 **8** 章

# 聚四海之气，借八方之力

## ——中国要当好建设世界科技强国的排头兵

要深度参与全球科技治理，贡献中国智慧，塑造科技向善的文化理念，让科技更好增进人类福祉，让中国科技为推动构建人类命运共同体作出更大贡献！


——习近平总书记在中国科学院第二十次院士大会、中国工程院第十五次院士大会、中国科协第十次全国代表大会上的讲话（2021年5月28日）

科技自立自强与开放合作是辩证统一的关系，科技自立自强是能够平等合作的前提和基础，而开放合作是中国特色自主创新道路的应有之义。改革开放四十多年来，中国既是科技开放合作的参与者、受益者，也是贡献者、推动者，中国的科技发展越来越离不开世界，世界的科技进步也越来越需要中国。面对气候变化、能源资源、卫生健康等人类共同的挑战和危机，任何一个国家都不可能只凭借自己的力量去解决所有的创新难题。我国的科技创新从来都不是封闭式的创新，今后也不会关起门来自己搞创新，需要聚四海之气、借八方之力，"更加积极主动融入全球科技创新网络，全方位加强国际科技创新合作，深度参与全球科技治理，学习借鉴更多国际先进经验，在更高起点上推进自主创新，在应对全球性挑战中贡献更多'中国智慧'。"[1]

## 一、以全球视野谋划和推动科技创新

伴随经济全球化的深入发展，以及互联网、云计算、大数据等现代科技的广泛应用，世界正在更加紧密地成为你中有我、我中有你的利益共同体。创新资源在世界范围内加速流动，科技创新全球化态势不断增强，决定了我国的科技创新活动必须坚持对外开放、加强国际合作。我国是开放合作的受益者，更是开放合作的积极推动者。面对新一轮科技革命和产业变革的孕育兴起，面对事关人类发展前景的共同挑战，我国尤需进一

---

1.王志刚：《矢志科技自立自强 加快建设科技强国》，载《求是》，2021年第6期。

步以全球视野谋划创新未来，积极融入和主动布局全球创新网络，探索科技开放合作的新模式、新途径和新机制，"用好国际国内两种科技资源"[1]。

科学是人类共同的重要事业。我国以全球视野谋划创新未来，首先要充分把握科技发展大势，从全球科技发展脉络出发，准确判断其最新发展趋势，全面分析优势和劣势，找准今后努力的方向。其次，要优化整合科技发展资源，充分借助国内国际两个市场，用好包括技术、人才、资金在内的"硬"资源和包括管理制度、体制机制在内的"软"资源，以更加开放包容的姿态，加强与世界各国的互鉴互通。最后，要科学规划科技发展战略，既立足本国基本国情，着力解决国内发展面临的重大问题，又面向全球，力求在人类社会面临的共同问题上取得突破，推动中国科技创新在更多领域实现"领跑"。与此同时，还要充分研究、掌握和运用国际规则，提升我国在制定国际规则中的话语权和影响力，提高参与全球科技治理的能力和本领。

需要指出的是，只有以全球视野谋划创新未来，把科技创新活动放在全球环境下开展，才能在更高的起点上实现更高水平的自主创新。自主创新不是单打独斗，更不能夜郎自大，不能把自己封闭于世界之外，而是应该在深化国际交流合作的过程中，掌握和运用好"新"与"旧"的标准，凝聚起创新的目标与动力。"事实证明，一个国家对外交往越活跃，对全球高端

---

1.习近平：《在中国科学院第十七次院士大会、中国工程院第十二次院士大会上的讲话》（2014年6月9日），北京：人民出版社2014年版，第10页。

资源的集聚、配置、共享能力就越强，创新水平就越高，高水平的创新又会推动高水平的开放"[1]，这样的良性循环将使我们的科技强国之路越走越宽广，越走越踏实。

＊吸引力（新华社 徐骏/作）

科学技术具有时代性和全球性，发展科学技术必须具有全球视野。当前，科技创新的重大突破和快速应用很有可能会重塑全球经济结构，使产业和经济竞争的赛场发生一些变化。在传统国际发展赛场上，规则已被一些国家所制定，我们要想加入比赛，就必须按照既定规则，因此较为被动，没有太多主动权。我们要抓住新一轮科技革命和产业变革的重大机遇，就是要在建设新赛场之初就参与其中，甚至在一些赛场的建设过程中起主导作用，进而使我国成为竞赛新规则的重要制定者、竞

—————————

1.经济日报评论员：《以全球视野谋划和推动科技创新——三论学习贯彻习近平总书记两院院士大会重要讲话》，载《经济日报》，2018年5月31日第1版。

赛新场地的重要主导者。面对这种情况,"如果我们没有一招鲜、几招鲜,没有参与或主导新赛场建设的能力,那我们就缺少了机会。机会总是留给有准备的人的,也总是留给有思路、有志向、有韧劲的人们的。"[1]

## 二、深度参与全球科技治理

党的十九大以来,我国秉持人类命运共同体的理念,扩大科技领域开放合作,主动融入全球科技创新网络,积极参与解决人类面临的重大风险挑战,努力推动科技创新成果惠及更多国家和人民。与此同时,我们也必须清醒地认识到,"科技是发展的利器,也可能成为风险的源头。要前瞻研判科技发展带来的规则冲突、社会风险、伦理挑战,完善相关法律法规、伦理审查规则及监管框架。要深度参与全球科技治理,贡献中国智慧,塑造科技向善的文化理念,让科技更好增进人类福祉,让中国科技为推动构建人类命运共同体作出更大贡献!"[2]

深度参与全球科技治理本质上是对"合作共赢"的追求,是我国参与全球治理的重要内容,也是我国建设世界科技强国的重要契机,不仅能够提高我国的科技治理能力、提高我国在国际上的科技影响力和话语权,而且能为治理和解决全球共同

---

1.习近平:《在中国科学院第十七次院士大会、中国工程院第十二次院士大会上的讲话》(2014年6月9日),北京:人民出版社2014年版,第11页。
2.习近平:《在中国科学院第二十次院士大会、中国工程院第十五次院士大会、中国科协第十次全国代表大会上的讲话》(2021年5月28日),北京:人民出版社2021年版,第15页。

面临的重大问题提供中国方案、贡献中国力量和中国智慧,以实现全球层面的合作共赢。[1]

打铁还需自身硬。我国深度参与全球科技治理,要在更高起点上推进自主创新。对此,习近平总书记强调指出:"中国要强盛、要复兴,就一定要大力发展科学技术,努力成为世界主要科学中心和创新高地。"[2]在这样的形势下,我们要迎难而上,抓住世界机遇、瞄准世界前沿、引领科技发展。

深度参与全球科技治理,要提高我国的对外开放水平,深化国际科技交流合作,积极主动融入全球科技创新网络,积极参与和主导国际大科学计划和工程,鼓励我国科学家发起和组织国际科技合作计划,努力构建合作共赢的全球科研伙伴关系。

深度参与全球科技治理,我国要探索并建立科学有效的合作机制和模式,更好地应对共同面临的可持续发展方面的重大挑战。以科技合作为先导,通过科学界的"有效沟通"带动全社会的"民心相通",为我国全方位参与全球治理奠定良好基础。[3]

## 三、努力构建合作共赢的伙伴关系

科研成果是人类共同的宝贵财富,应该广泛造福人类。世界

---

1.参见陈强强:《中国深度参与全球科技治理的机遇、挑战及对策研究》,载《山东科技大学学报（社会科学版）》,2020年第22卷第2期,第1-12页。

2.习近平:《习近平谈治国理政》（第三卷）,北京:外文出版社2020年版,第246页。

3.参见钟科平:《深度参与全球科技治理》,载《中国科学报》,2018年6月7日第1版。

正在经历百年未有之大变局，新一轮科技革命和产业变革突飞猛进，人类面临的共同挑战需要各国携手应对。几乎没有哪一个国家可以成为独立的科技创新中心，或独享科技创新的成果。

正所谓"合则强，孤则弱"。合作共赢应该成为各国处理国际事务的基本政策取向。合作共赢是普适原则，不仅适用于经济领域，而且适用于政治、安全、文化、科技等各个领域。"我们应该把本国利益同各国共同利益结合起来，努力扩大各方共同利益的汇合点，不能这边搭台、那边拆台，要相互补台、好戏连台。要积极树立双赢、多赢、共赢的新理念，摒弃你输我赢、赢者通吃的旧思维，'各美其美，美人之美，美美与共，天下大同'。"[1]

就科技合作领域而言，世界各国应该加强科研合作，推动科学技术与经济发展深度融合，加强创新成果的共享，努力打破制约科学、技术、人才等创新要素自由流动的各种壁垒，支持企业自主开展科技交流合作，让创新源泉充分涌流。当前，世界各国正面临新冠肺炎疫情等各种挑战，各国应该加强科技创新与合作，促进更加开放包容、互惠共享的国际科技创新交流活动，"为推动全球经济复苏、保障人民身体健康作出贡献，让科技创新成果为更多国家和人民所及、所享、所用。"[2]

---

1.习近平：《弘扬和平共处五项原则 建设合作共赢美好世界——在和平共处五项原则发表60周年纪念大会上的讲话》（2014年6月28日），北京：人民出版社2014年版，第9页。
2.人民日报评论员：《构建开放创新生态——论学习贯彻习近平总书记在两院院士大会 中国科协十大上重要讲话》，载《经济日报》，2021年6月3日第5版。

第 **9** 章

抓创新就是抓发展，谋创新就是谋未来

——创新驱动发展是建设科技强国的重大战略

创新驱动是形势所迫。我国经济总量已跃居世界第二位，社会生产力、综合国力、科技实力迈上了一个新的大台阶。同时，我国发展中不平衡、不协调、不可持续问题依然突出，人口、资源、环境压力越来越大。我国现代化涉及十几亿人，走全靠要素驱动的老路难以为继。物质资源必然越用越少，而科技和人才却会越用越多，因此我们必须及早转入创新驱动发展轨道，把科技创新潜力更好释放出来。

——习近平总书记在十八届中央政治局第九次集体学习时的讲话（2013年9月30日）

纵观人类发展历程,一个国家、一个民族发展的重要力量始终是创新,推动人类社会进步的重要力量也始终是创新。创新慢了不行,不创新更不行。如果我们不识变、不求变、不应变,就可能陷入战略被动的境地,错失发展良机,甚至错过一个时代。"实施创新驱动发展战略,是应对发展环境变化、把握发展自主权、提高核心竞争力的必然选择,是加快转变经济发展方式、破解经济发展深层次矛盾和问题的必然选择,是更好引领我国经济发展新常态、保持我国经济持续健康发展的必然选择。"[1]

我们要在党中央和国务院的坚强领导下,坚持"四个全面"战略布局,坚持创新、协调、绿色、开放、共享的新发展理念,坚持创新是引领发展的第一动力,坚持"自主创新、重点跨越、支撑发展、引领未来"的指导方针,深入实施创新驱动发展战略,以深化科技体制改革为动力,充分发挥科技创新在全面创新中的引领和支撑作用,充分激发创新潜力,全面推进大众创业、万众创新,铸造国家经济社会发展的新引擎。

## 一、把关键核心技术掌握在自己手中

建设科技强国是一场新的长征,在风云变幻的国际形势下,全球科技竞争愈发激烈,能否突破和掌握作为强国重器的关键

---

1.习近平:《为建设世界科技强国而奋斗——在全国科技创新大会、两院院士大会、中国科协第九次全国代表大会上的讲话》(2016年5月30日),北京:人民出版社2016年版,第6页。

核心技术，形成有效的高端科技供给能力，在战略性领域真正改变受制于人的被动局面，对我国迈向世界科技强国具有决定性的重要意义。

关键核心技术在产业技术生态体系中居于核心地位，影响着一段时期相关领域科技创新活动的整体走势。自工业革命以来，世界强国几乎都是通过关键核心技术的群体性重大突破来实现赶超的，例如，第一次工业革命时期，英国凭借蒸汽机率先开启了工业化进程；第二次工业革命时期，美国、德国则凭借内燃机实现了对英国的赶超。然而，"实践反复告诉我们，关键核心技术是要不来、买不来、讨不来的。只有把关键核心技术掌握在自己手中，才能从根本上保障国家经济安全、国防安全和其他安全。要增强'四个自信'，以关键共性技术、前沿引领技术、现代工程技术、颠覆性技术创新为突破口，敢于走前人没走过的路，努力实现关键核心技术自主可控，把创新主动权、发展主动权牢牢掌握在自己手中。"[1]

对于当前要不来、买不来、讨不来的关键核心技术，要从关乎我国经济社会发展、国家安全与核心利益、民生与可持续发展的高度，"分析解决瓶颈制约的关键问题、抢占发展先机的前沿科学和颠覆性技术，找准现实和潜在的科技需求，沉下心来、脚踏实地，从基本原理、基础材料、基础工艺等基本环节做起，经过一段时间的艰苦奋斗，努力缩小差距、补齐短

---

1.习近平：《在中国科学院第十九次院士大会、中国工程院第十四次院士大会上的讲话》（2018年5月28日），北京：人民出版社2018年版，第11页。

板。"[1]"只有把核心技术掌握在自己手中,才能真正掌握竞争和发展的主动权,才能从根本上保障国家经济安全、国防安全和其他安全。不能总是用别人的昨天来装扮自己的明天。不能总是指望依赖他人的科技成果来提高自己的科技水平,更不能做其他国家的技术附庸,永远跟在别人的后面亦步亦趋。我们没有别的选择,非走自主创新道路不可。"[2]

掌握关键核心技术,要重视基础研究工作,谋划制定核心技术设备发展战略并定好时间表。"基础研究是整个科学体系的

＊ 助力创新(新华社 王琪/作)

1.侯建国:《不忘科技报国初心 牢记科技强国使命》,中国科学院、中国工程院编:《百名院士谈建设科技强国》,北京:人民出版社2019年版,第109页。
2.习近平:《在中国科学院第十七次院士大会、中国工程院第十二次院士大会上的讲话》(2014年6月9日),北京:人民出版社2014年版,第10页。

源头，是所有技术问题的总机关。"[1]一个国家基础科学研究的深度和广度，决定着该国原始创新的动力和活力。因此，要加大对基础研究的重视和投入，并在此基础上，充分实现基础研究与应用开发之间的联动作用，从我国现实需求、发展需求出发，准确把握重点领域科技发展的战略机遇，构建高效强大的共性关键技术供给体系。

## 二、以"鼎新"带动"革故"

党的十八大以来，以习近平同志为核心的党中央把创新摆在国家发展全局的核心位置，提出实施创新驱动发展战略，并重点推进以科技创新为核心的全面创新。党的十九大报告再次强调："创新是引领发展的第一动力，是建设现代化经济体系的战略支撑。"[2]创新驱动发展战略至少具有两重含义：一是强调了发展的模式——中国未来的发展要靠创新驱动，尤其是科技创新的驱动，而不是靠传统的劳动力、资源、能源的驱动；二是明确了创新的目的——创新是为了驱动发展，创新要与经济社会发展相结合，而不是为了发表高水平论文。

创新驱动发展并不是一味地去追求更新废旧，而是追求有用的创造和创新。从古至今，创新都是世界发展的一个永恒主

---

1.中共中央文献研究室编：《习近平关于科技创新论述摘编》，北京：中央文献出版社2016年版，第44页。
2.习近平：《决胜全面建成小康社会 夺取新时代中国特色社会主义伟大胜利——在中国共产党第十九次全国代表大会上的报告》（2017年10月18日），北京：人民出版社2017年版，第31页。

题,但并非所有的创新活动或成果都具有正面意义和积极价值。只追求表面的那种无谓的更新,不仅不会带来新的发展,反而还有可能造成退步或灾难。创新永远都离不开服务对象,创新驱动发展更是为了人的发展,只有真正有意义,并且能够带来便利与效益的创新,才是我们所期待的创新。而想要以创新带动发展,就更应该是有意义、有价值的创造,有效的创新才是解决发展问题的创新。

创新驱动发展不仅要着眼开创未来,更要密切关注当下。如果说仅仅只是从有用的创新出发的话,那么任何想法都有可能出现,然而一切的改革与创新都不应该是天马行空的胡思乱想。创新可以是奇思妙想,但绝不是异想天开。任何创新都是基于当下已有的基础,考虑发展的现状,然后进行合理的展望。创新也不应该脱离当下的条件和基础,只有提出合理的要求,创新才能成为现实,才能真正实现创新驱动发展。

实施创新驱动发展战略,将科技创新摆在国家发展全局的核心位置,实现科技事业发展三步走的目标,必须充分认识创新驱动发展战略的重大意义。

首先,实施创新驱动发展战略,是实现新时代重大历史使命的必然选择。当前,中国特色社会主义进入新时代,我国社会主要矛盾已经转化为人民日益增长的美好生活需要和不平衡不充分的发展之间的矛盾,整个经济社会的发展处于爬坡过坎的关键阶段,此时,能否大幅度提高科技创新能力并提供有力支撑至关重要。

驱动国家经济社会发展的动力主要有要素驱动、投资驱动、创新驱动等,其中,要素驱动主要指依靠土地、资源、劳动力等生产要素的投入，获取发展动力，促进经济增长。回顾我国改革开放四十多年来的发展成就，我国经济社会快速发展主要得益于生产要素的驱动，充分发挥了劳动力和资源环境的低成本优势。然而，世界发达国家的早期发展经验告诉我们：单纯依靠要素驱动，必然会产生环境污染、生态破坏等问题，难以持久维持。我国进入新发展阶段之后，人民对良好生态环境的诉求与日俱增，与此同时，我国在国际竞争中的低成本优势逐渐消失，经济下行压力增大，来自建设生态文明和推动社会发展等方面的挑战日益严峻。

表3  不同阶段不同要素的贡献率　　　　　　（单位：%）

| 不同阶段 | 要素投入的贡献 | 提高效率的贡献 | 创新的贡献 |
|---|---|---|---|
| 要素驱动阶段 | 60 | 35 | 5 |
| 投资驱动阶段 | 40 | 50 | 10 |
| 创新驱动阶段 | 20 | 50 | 30 |

资料来源：世界经济论坛：《2013年全球竞争力报告》。

欧美发达国家经济转型的成功经验表明：科技创新具有不易模仿、附加值高等突出优点，由此形成的创新优势持续时间长、竞争力强。因此，只有实施创新驱动发展战略，在经济社会发展的全过程充分践行创新、协调、绿色、开放、共享的新发展理念，并将科技创新作为经济社会发展的"牛鼻子"来抓，才能为解决社会主要矛盾、实现新时代的重大历史使命提供更强大的动力。

其次，实施创新驱动发展战略，是我国建设社会主义现代化强国的内在要求。在我国建设社会主义现代化强国的目标体

系中,"到2050年,我们要把中国建成富强民主文明和谐美丽
的社会主义现代化强国"[1]是统领全局的总目标,科技强国、交
通强国、教育强国、航天强国等十二个强国目标是子目标,是
实现现代化强国目标的重要支撑。各个子目标都要围绕现代化
强国的目标来推进,同时各目标之间保持一种相互影响、相互
促进的关系。与其他强国目标相比,科技强国目标的影响范围
更广、引导作用更大。

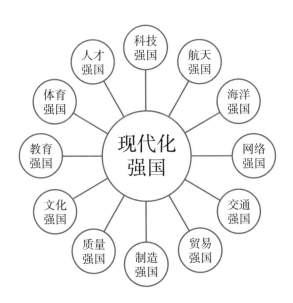

　　从经济层面来看,实施创新驱动发展战略,建设科技强
国是实现交通强国、制造强国、质量强国、贸易强国的"源
动力"。从科技发展的规律和历史经验来看,科技创新始终

1.习近平:《习近平谈治国理政》(第三卷),北京:外文出版社2020年版,第133页。

是推动产业变革、经济结构调整的重要力量，遵循着科学发现—技术发明—产品创新—产业更替—经济发展模式变迁的基本顺序。当前，我国经济发展正处于从"数量型"增长向"质量型"发展转变的重要阶段，从要素驱动向创新驱动转变，必须充分发挥科学技术作为第一推动力的作用，带动产业升级与结构调整。

从国防层面来看，实施创新驱动发展战略，建设科技强国是实现航天强国、网络强国、海洋强国的"支点"。诚然，科技强国内在地包含了航天强国、网络强国、海洋强国在科技层面的目标。但回顾历史不难发现：科技发展往往率先在军事领域获得突破与应用，国防科技向来是国际竞争最激烈的领域。因此，在当前国家安全形势日趋紧张的背景下，强调科技强国在推动实现航天、网络、海洋等国防目标中的战略意义十分重要，以整个科学技术体系作为国防领域创新突破的重要支点。

从教育层面来看，实施创新驱动发展战略，建设科技强国是实现人才强国、文化强国、教育强国、体育强国的"创新点"。诚然，实现建设科技强国的目标需要人才、教育、文化等因素的强力支持，但与此同时，科技创新也可以为实现人才强国、文化强国、教育强国等强国目标提供重要的创新手段。例如，基于移动终端、互联网技术的"慕课"（MOOC）教学，极大地推动了教育的普及范围和知识的传播速度，为建设教育强国、人才强国提供了有力支撑。而依托信息和通信等现代化技术手段，不仅形成了文化产业这个新的经济增长点，也以更低的成本营造出了更为丰富、更有活力的社会文化氛围。

最后,实施创新驱动发展战略,是抢抓新科技革命和产业变革历史机遇的重要战略举措。习近平总书记指出:"进入21世纪以来,全球科技创新进入空前密集活跃的时期,新一轮科技革命和产业变革正在重构全球创新版图、重塑全球经济结构。"[1]新一代信息技术加速突破应用,先进制造技术推动传统制造业向智能化、服务化、绿色化转型,生命科学领域孕育新变革,空间技术拓展人类发展新疆域,新能源技术引发全球能源革命,基础研究、应用研究呈现多点突破态势,带动许多学科和技术群体跃进发展,变革突破的能量正在不断积蓄。这些科技创新改变着人类的生活方式,也深刻影响着国家的前途命运。

与此同时,国际科技竞争环境更为激烈,国际创新要素流动空前活跃、重组不断加快。世界主要发达国家都将科技创新上升为国家发展的核心战略,积极布局创新战略,纷纷抢占科技制高点。美国于2009年、2011年、2015年连续出台《美国国家创新战略》,强调发挥政府、企业、公众等不同主体在创新过程中的重要作用;欧盟于2014年启动实施"地平线2020"计划,计划用七年时间,投入770亿欧元,资助从基础研究到创新产品市场化的整个"创新链"所有环节的创新机构和创新活动,确保欧洲产生世界顶级的科学技术成果;日本在2017年出台了《科学技术创新综合战略2017》,正式提出"社会5.0"概念,旨在通过网络空间与物理空间的融合和共享,建成

---

1.习近平:《在中国科学院第十九次院士大会、中国工程院第十四次院士大会上的讲话》(2018年5月28日),北京:人民出版社2018年版,第6页。

"超智慧社会"。可见，创新驱动是大势所趋，走创新发展道路已成为主要发达国家的普遍选择。

从《国家创新驱动发展战略纲要》来看，实现创新驱动是一个系统性的变革，要按照"坚持双轮驱动、构建一个体系、推动六大转变"的要求来进行布局，构建新的发展动力系统。

坚持双轮驱动，就是坚持科技创新和体制机制创新两个轮子相互协调、持续发力。科技创新要明确支撑发展的方向和重点，加强科学探索和技术攻关，形成持续创新的系统能力；体制机制创新要调整一切不适应创新驱动发展的生产关系，统筹推进科技、经济和政府治理等三个方面体制机制改革，最大限度地释放创新活力。

构建一个体系，就是建设国家创新体系。建设各类创新主体协同创新和创新要素顺畅流动、高效配置的生态系统，形成创新驱动发展的实践载体、制度安排和环境保障。明确企业、科研院所、高校、社会组织等各类创新主体功能定位，构建开放高效的创新网络，建设军民融合的国防科技协同创新平台；改进创新治理，进一步明确政府和市场分工，构建统筹配置创新资源的机制；完善激励创新的政策体系、保护创新的法律制度，构建鼓励创新的社会环境，激发全社会创新活力。

推动六大转变，就是实现发展方式从以规模扩张为主导的粗放式增长向以质量效益为主导的可持续发展转变；发展要素从传统要素主导发展向创新要素主导发展转变；产业分工从价值链中低端向价值链中高端转变；创新能力从"跟踪、并行、领跑"并存、"跟踪"为主向"并行""领跑"为主转变；资源配置从以研发环节为主向产业链、创新链、资金链统筹配置转变；创新群体从以科技人员的小众为主向小众与大众创新创业互动转变。[1]

## 三、坚持科技创新和制度创新"双轮驱动"

创新驱动发展，改革驱动创新。"科技创新、制度创新要协同发挥作用，两个轮子一起转"[2]，才有利于推动经济发展方式发生根本变革。科技创新是制度创新的"加速器"，制度创新是科技创新的"点火系"，必须一体部署、协同推进、同步发力。

### （一）牢牢把握科技创新这个核心

科技实力决定世界政治经济力量对比的变化，决定各国各民族的前途命运。近年来，我国在高温超导、量子理论、干细胞研究、人类基因组测序等基础科研领域实现重大突破，在载人航天、高性能计算、北斗导航、高速铁路等工程技术领域取得了骄人业绩，为我国从科技大国迈向科技强国奠定了坚实的基础。接下来，我们要紧跟全球科技革命和产业变革大势，加快在战略性前沿领域的赶超突破，在更多方面实现从"跟随"向"同行"和"引领"的跨越。同时要进一步强化科技对经济的支撑，紧扣农业、能源、制造业、城镇化、资源环境等关系经济社会持续健康发展和国家长治久安的关键问题，突破核心

---

1.参见贾璐萌：《科技创新促发展》，谭小琴主编：《中国特色社会主义理论与实践研究学习指南》，天津：天津人民出版社2021年版，第59-63页。

2.习近平：《习近平谈治国理政》（第二卷），北京：外文出版社2017年版，第273页。

技术瓶颈，加快产业化推广，培育形成新的经济增长点。

### （二）紧紧抓住制度创新这个关键

"世界科技强国的形成无不伴随着科学文化变革和制度创新，而制度创新往往源于科学文化理念的创新和引领。如果不能在科学文化上做好准备，不能在科学文化的引领下进行必要的制度创新，就很难真正坚定文化自信，很难摆脱跟踪、模仿的发展轨迹，真正成为开拓科学发展新道路新境界的世界科技强国。"[1] 由此可见，推进制度创新非常重要。

推进制度创新，就是要着力从科技体制改革和经济社会领域改革两个主要方面同步发力，消除阻碍创新的制度藩篱。"一手抓深化科技体制改革，健全技术创新市场导向机制和高效协同的创新体系，优化科技资源配置，激发科研人员创造力，提高成果转化效率，让科技战线焕发出新的生机和活力。一手抓经济社会领域改革，在市场、产业、金融、人才、对外开放等各方面，完善适应创新驱动转型要求的制度环境，推动创新源源不断地为经济发展提供强大动力。"[2] "体制机制改革必须扬长避短，把市场和政府在配置创新资源中的优势都发挥出来，构建良好的创新生态，把创新驱动的新引擎全速发动起来。"[3]

---

1.王春法：《培育科学文化 建设世界科技强国》，载《中国科学院院刊》，2017年第32卷第5期，第456页。

2.薄贵利主编：《强国宏略：国家战略前沿问题研究》，北京：人民出版社2016年版，第174、175页。

3.刘延东：《实施创新驱动发展战略 为建设世界科技强国而努力奋斗》，载《求是》，2017年第2期。

## 四、发挥新型研发机构跨越"死亡谷"的优势

创新驱动发展的实质"是与知识相关的权益在由产业—学术—政府等行动者构成的创新生态系统中交易,以使其保值、增值并带来剩余价值的知识资本化过程。"[1]"知识资本化活动是人类认识活动从表征自然到介入社会的结果,也是将知识的潜在生产力价值转变为显在生产力价值的过程,其基本形式是从客观世界到观念世界而后再转化为现实世界。"[2]在这个转化过程中,需要经历一个很难跨越的"死亡谷"。从创新价值链的角度来看,之所以会形成这样一个"死亡谷",主要是因为知识生产与产业经济的疏离,知识的认知价值在转化为产业价值时所出现的断裂阻碍了创新价值链的贯通,而"传统科研组织在推动科学能力、技术能力、生产能力共同作用并最终形成创新能力的过程中出现了功能错位或不匹配。"[3]那么,该如何跨越这个"死亡谷"呢?

国务院在2016年7月28日发布的《"十三五"国家科技创新规划》中明确要求"发展面向市场的新型研发机构"。孵化育成与创新创业相结合的新型研发机构拥有多元化的投资主体,是采用市场化运行机制、现代化管理制度、国际化建设模式的从事研发活动的法人组织,主要包括母体高校与地方政府共建

---

1.谭小琴:《知本·产业·人:创新驱动发展战略的多维研究》,天津:天津大学出版社2019年版,第12页。

2.谭小琴:《从表征到介入:知识的四维产权谱系研究》,载《自然辩证法研究》,2016年第32卷第5期,第73页。

3.苟尤钊、林菲:《基于创新价值链视角的新型科研机构研究——以华大基因为例》,载《科技进步与对策》,2015年第32卷第2期,第8页。

的校地型和母体高校与企业共建的校企型两种类型，又被称为
新型科研机构、新型研发组织、新型创新机构、新兴科研机构、
新兴产业技术研究院、异地研究院等，它兼具大学的公益性与
企业的经济性，具有传统科研机构所不具有的市场化特质和灵
活机动性。新型研发机构的"新"主要体现在其组织创新、模
式创新和文化创新能够更好地跨域联结知识链、资本链和政策
链，有助于跨越"死亡谷"[1]，"对于克服科技研发中的'市场失
灵''组织失灵'、乃至'系统失灵'发挥着重要作用。"[2]

1.组织创新维：实行现代科研院所制度

雷蒙德·迈尔斯（Raymond E. Miles）和查尔斯·斯
诺（Charles C. Snow）在《组织的战略、结构和过程》
(*Organizational Strategy, Structure and Process*)一书中分析了组
织战略对组织结构的影响。他们认为：为了追求稳定和效益，
在相对稳定的环境中采用防守型战略的机构，其组织结构呈现
出专业化分工程度较高、规范化程度较高、控制较严格、规章
制度较多、集权程度较高等特点；而在变化的环境中采用分析
型战略的机构，其组织结构具有适度地集权控制、严格控制现
有活动但对一些部门适度授权或者允许它们有相对独立的自主
性等特点，其目标是在追求机构稳定效益的同时又不丧失机构
的灵活性。国内新型研发机构倾向于采用分析型战略，实行政
所分开、责任明确、产权较清晰、管理较科学的现代科研院所

1.参见谭小琴：《跨越"死亡谷"：新型研发机构的三维创新》，载《自然辩证法研究》，2019年第35卷第1期，第39-43页。
2.曾国屏、林菲：《走向创业型科研机构——深圳新型科研机构初探》，载《中国软科学》，2013年第11期，第49页。

制度。而且,大部分新型研发机构实行理事会领导下的院(所)长负责制和董事会领导下的院(所)长负责制,也有少数机构实行党委领导下的院(所)长负责制。

在政府引导下实行理事会领导下的院(所)长负责制可以分离管理权和执行权。理事会作为决策机构,"由政府部门、高校、院所、企业、专家等各方面成员组成,在决策层面实现了产学研的结合,体现了企业需求,政府通过理事会将决策意图贯彻到机构发展中去,避免了直接干预,兼顾了其他组织的利益。"[1] 例如,《东南大学异地研究院管理暂行办法(修订)》就规定:"理事会是研究院与地方政府或企业的事务性协调决策机构,由东南大学与地方政府或企业分别委派成员组成。"

国内一些新型研发机构还实行了董事会领导下的院(所)长负责制。新型研发机构以其所拥有的科研成果和设备等资产入股,机构内人员以其所拥有的现金或知识产权等价入股,由股东选举产生掌握决策权和领导权的董事会,聘请院长(或所长、董事长、总经理)负责执行董事会的决议,投资方还可以设立监事会来监督其工作。大连理工大学常州研究院就采用了这种机制。

新型研发机构兼具知识生产、知识社会化和知识资本化等功能,在组织结构上不同于传统的科研机构,其独立自主性更强,采用决策权与执行权相分离的管理机制。顶层的战略管理决策层由理事会(或董事会)、院长(或所长、董事长、总经理)、监事会、战略顾问委员会、院务委员会等组成,决策层不

---

1.陈宝明、刘光武、丁明磊:《我国新型研发组织发展现状与政策建议》,载《中国科技论坛》,2013年第3期,第28、29页。

承担具体的科研业务而是从宏观的战略角度对研发机构的发展做出决策；研发机构通常还下设研究中心、技术服务部、产业促进和成果转化平台、人才培养及行政服务部等部门，这些部门大多采用扁平化的组织结构形式。新型研发机构实行的这种现代科研院所制度使得组织的高层管理者没有绝对集中的权力，权力的层层下放可以充分发挥各职能部门或科研团队的自主权和主观能动性。这种组织创新实现了研发机构的企业化管理和运行，促使在研项目能够与市场需求实现很好地对接，进而提高知识资本化的效率和效果。

2.模式创新维：占据"结构洞"构筑知识资本化立体格局

美国著名社会学家罗纳德·伯特（Ronald Burt）在《结构洞：竞争的社会结构》（*Structural Holes: The Social Structure of Competition*）一书中用"结构洞"来说明非重复关系人之间的断裂。非重复关系人经由结构洞联系在一起。"所谓结构洞是指两个关系人之间的非重复关系。结构洞是一个缓冲器，相当于电线线路中的绝缘器。其结果是，彼此之间存在结构洞的两个关系人向网络贡献的利益是可累加的，而非重叠的。"[1]换言之，社会关系网络中不直接连接或者是只间接连接的、拥有互补信息或资源的个体之间存在的空位就是"结构洞"，通过占据"结构洞"可以获得社会关系网络中的信息利益和控制利益。结构洞存在于凝聚力和结构等位都缺失的地方，相比之下，凝聚力指标比结构等位指标更能确定是否存在结构洞。

---

1.［美］罗纳德·伯特：《结构洞：竞争的社会结构》，任敏、李璐、林虹译，上海：格致出版社、上海人民出版社2008年版，第18页。

根据结构洞理论,可以发现:在知识资本化共同体中,政界、学界、产业界两两之间并不存在强相关关系,除非需要共同解决某个问题,它们才会偶有合作,可谓凝聚力不强,而且在结构上不处于同等位置。而新型研发机构可以增强它们之间的凝聚力,在知识资本化过程中,可以占据"政、产学研、用"社会关系网络中的结构洞,是资源优化配置的主导者,是知识资本化行动者的智库。它可以根据区域或产业发展的需要,通过政府的资本促进和政策支持,集合并发挥各方优势,有效地推进知识生产、知识社会化和知识资本化的进程。作为知识资本库的母体高校,通过与公共组织和私营机构之间的互动,可以提高投入的附加值进而推动社会的经济发展。而其中的新型研发机构"能够改善国家创新体系网络中的结构性缺陷;在弱关系创新主体之间架起了一座'桥梁'"[1],汇聚了基础研究、技术研发、人才培养、企业孵化等多种功能,建立了从上游的知识生产到下游的知识资本化的全产业链对接体系。

3.文化创新维:基于"文化人"假设构建文化共生系统

人性是一个逐步展现的过程,因而古今中外关于人性的争论很多,无论是中国古代的性善论、性恶论、无善无恶论、有善有恶论,还是亚里士多德的"人是政治的动物"、麦格雷戈(Douglas McGregor)的X-Y理论、莫尔斯(J. J. Morse)和洛希(J. W. Lorscn)的超Y理论等,都展示了人性的不同方面,都在描述人在某种环境中,在某个特定阶段或某种具体情

---

1.陈喜乐、曾海燕:《新型科研机构发展模式及对策研究》,厦门:厦门大学出版社2016年版,第61页。

况下的行为表现，这些多样的人性面构成了人类"文化人"的共同本质。德国哲学家卡西尔（Ernst Cassirer）就曾明确指出："我们应当把人定义为符号的动物（animal symbolicum）来取代把人定义为理性的动物。只有这样，我们才能指明人的独特之处，也才能理解对人开放的新路——通向文化之路。"[1]这里的符号就是指人类社会的各种文化现象，包括宗教、神话、艺术、历史、语言、科学等。文化是人类的一种生存方式，是人类物质文明和精神文明成果的载体，是文化人本体运动的表现，也是对人类行为关系的规范、梳理与固化。

"文化人"假设认为科研人员是文化的创造者、传播者与传承者，因此，新型研发机构在构建文化共生系统时，特别强调文化的"日常生活性"，关注科研人员积极构建共享意义系统的能力。同时，为了更好地应对创业文化对学术文化的现实冲击，机构还着重思考了"如何建立一个具有自身独特理念和价值的新型研发机构、如何将责任伦理与信念伦理结合在一起"等问题。"责任伦理"作为一种道德原则与价值相关联，主要回答人们"应当何为"的问题，主要关注行为主体承担行为后果的"当为"。通过"责任伦理"，一则可以导出新型研发机构基于主体理性的目标合理性行为，为科研人员的行为方式提供伦理价值和伦理规范；另则又与"信念伦理"相联系，为科研人员的道德信念奠定实践基础。

"文化人"假设还认为科研人员崇尚个性和自由，希望在科

---

1.［德］恩斯特·卡西尔：《人论》，甘阳译，上海：上海译文出版社2004年版，第37页。

研活动中实现个人价值。鉴于此，新型研发机构将实现科研人员的自我价值作为机构的发展目标，并致力于建立一套与社会主义市场经济体制相适应的文化观念和价值观念，而这些观念"必然是对人的独立性、自主性、主动性、个性、能力、正当利益和选择的确立和肯定。"[1]有研究表明：科研人员的成果转化行为不是受到科研成果所有权制度的影响，而是受到成果的控制权和收益分享机制的影响。鉴于此，我国政府也加大了转化科研成果的激励力度。

《中华人民共和国促进科技成果转化法》（2015年修订）提出要赋予科研机构成果使用权、处置权，制定激励和奖励政策。各地政府也据此推出了具体的激励措施。例如，2016年7月25日公布的《中共福建省委 福建省人民政府关于实施创新驱动发展战略 建设创新型省份的决定》就指出：新型研发机构科研人员参与职称评审与岗位考核时，发明专利转化应用情况可折算成论文指标，技术转让成交额可折算成纵向课题指标；并且支持科研人员离岗创新创业，离岗期限以三年为一期，最多不超过两期，到期返回原单位时可接续计算工龄，聘任岗位等级和待遇不降低。

需要指出的是，由于新型研发机构是一种具有变革活力、兼容并包、面向需求的科研机构新样态，需要创业文化成为研发机构文化概念中与学术文化等同的应有内涵，需要加强学术文化与创业文化的交流，进而达到交融共生的目的，因而，新型研发机构在构建文化共生系统时围绕文化交融问题主要关注了以下五个

---

1.韩庆祥：《现实逻辑中的人：马克思的人学理论研究》，北京：北京师范大学出版社2017年版，第45页。

方面内容：第一，提高合作方的责任伦理意识，提升其对基础研究的重视程度；第二，调适研发机构的信念伦理，在开展合规律性的科研活动时，也适度强调了在研项目的合目的性与合社会性；第三，保持来自母体高校的教研人员与来自企业的研发人员的平等性；第四，培育崇尚创新精神、激发创新意识、鼓励创新实践、促进创新发展、包容创新失败的创新文化；第五，通过多元化的创业活动形成支持学术创业的一套整体框架和行为边界，推动新型研发机构内的创业文化、母体高校的学术文化以及地方性社会文化的多向交流，为创业文化提供良好的生成环境，以最大限度地实现创业文化在汇聚与整合创业资源上的凝聚功能。

### 五、科技创新、科学普及是实现创新发展的两翼

科技创新、科学普及是实现创新发展的两翼，要把科学普及放在与科技创新同等重要的位置。没有全民科学素养的普遍提高，就很难建起宏大的高素质科技创新大军，难以实现科技成果的快速转化。我国广大科技工作者应以提高全民科学素养为己任，"把普及科学知识、弘扬科学精神、传播科学思想、倡导科学方法作为义不容辞的责任，在全社会推动形成讲科学、爱科学、学科学、用科学的良好氛围，使蕴藏在亿万人民中间的创新智慧充分释放、创新力量充分涌流。"[1]事实上，"科学普

---

1.习近平：《为建设世界科技强国而奋斗——在全国科技创新大会、两院院士大会、中国科协第九次全国代表大会上的讲话》（2016年5月30日），北京：人民出版社2016年版，第18页。

及与科技创新相互促进、相互制约。科学普及是实施创新驱动发展战略、建设创新型国家的基础工程。国家和地区的科技进步不仅仅表现为较高的科技创新水平,也表现为较强的科学普及和科技传播能力。'创新'为'普及'明确方向、提供内容,而'普及'为'创新'营造环境、浓郁氛围。科普的使命是培养具有较高科学生活能力、科学劳动能力、公共参与能力、终身学习能力的社会公民,而这些高素质人才和社会公众又是推动科技创新发展,建设创新型国家的核心要素。"[1]总而言之,一国或地区的科技创新水平不仅表现为创新成果的水平,也表现为科学技术的传播水平。

*"云游"博物馆(新华社 朱慧卿/作)

---

1.李健民:《科技创新与科学普及融合发展的思考》,载《安徽科技》,2019年第7期,第5-7页。

科学普及就是运用各种传播方式将人类创造的科技成果向大众普及。一方面，科技创新是科技领域取得的新突破和新进展，科技创新能为科学普及指引方向、提供材料。没有科技创新，科学普及就成了无源之水、无本之木，同时科技创新也促进了科学普及的手段不断改进。另一方面，科学普及为科技创新输入养分。科技创新的核心要素是创意资本，囊括高水平的科学技术、高素养的科技人才、浓厚的社会创新氛围等各个方面，而这些创意资本的实现都离不开科学普及的助推。科学普及能够在社会上营造一种浓厚的社会氛围，激发更多社会各界人士加入科技创新和科学普及的大军，为科技创新输送各类人才。

党的十八大以来，党高度重视创新发展，强调科技创新是提高社会生产力和综合国力的战略支撑，注重发挥科技创新在社会创新发展中的"牛鼻子"作用。科技创新的最终要旨就是把科技成果转化为现实生产力，转化为造福群众的物质力量。而实现科技创新成果转化的中介就是科学普及。科学普及是科技创新成果转化的必由之路，没有科学普及，就没有科技成果的大众化和社会化，科技创新就难以为继，最终产生经济发展动力不足等问题。因此，我们必须要明确科技创新和科学普及对于创新发展的重要作用，转变只重视科技创新而忽视科学普及的传统观念，将两者统一起来，实现两者的比翼齐飞。

# 后 记

2016年5月，党中央、国务院召开全国科技创新大会、两院院士大会、中国科协第九次全国代表大会，习近平总书记在会上发出了建设世界科技强国的号召。为贯彻落实"建设世界科技强国"的重大战略决策，我们编撰了这本《建设科技强国》。作为一部着眼于世界科技发展大势、立足于我国科技强国建设，兼具战略性、政治性、理论性、宣传性和通俗性的作品，本书致敬新时代，献礼中国共产党成立100周年和中国共产党第二十次全国代表大会。

全书分为九章，分别从不同层面和视角，阐述了我国建设世界科技强国的战略目标和主要任务、基础优势和差距挑战、发展路径和政策措施等内容。天津大学马克思主义学院谭小琴同志完成了书中的第一章至第九章内容，颜晓峰院长主持本书的编写工作并定稿。

本书在编写过程中，得到了教育部2022年度高校思想政治理论课教师研究专项之高校优秀中青年思政课教师择优资助项目"习近平新时代中国特色社会主义思想融入高校思政课的体验式教学模式研究"（项目编号：22JDSZK126）、国家社会科学基金重点项目"习近平总书记科技创新思想与世界科技强国战略研究"（项目编号：17AKS004）、国家自然科学基金重点国际合作研究项目"新兴产业全球创新网络形成机制、演进特征及其影响研究"（项目编号：71810107004）的支持，并且得到了中央有关部门和部分单位负责同志以及专家学者的关心和帮助。共青团中央、中共中央党校（国家行政学院）、清华大学、红旗文稿杂志社、中国青年出版社、天津大学马克思主义学院研究生思想政治理论课教研部、天津大学科学技术与社会研究中心、天津市高校思想政治理论课协同创新中心等部门和单位，顾保国、董振华、皮钧、陈章乐、李师东、吕通义、侯群雄、陆遥、徐斌、靳莹、韩永进、郭元林等同志提出了宝贵意见，中国科学技术大学马克思主义学院执行院长刘立教授给予了指导和帮助，在此表示衷心的感谢。

本书参阅和吸取了国内学者的研究成果，在此，我们对原作者表示最真挚的谢意。

受研究能力和水平的限制，我们对这一重大战略问题的把握还有很多欠缺，对一些重要问题的研究还不够深入，因此难免会存在一些不足之处。恳请专家学者和广大读者给予理解，并提出宝贵意见，为我国加快建设创新型国家和世界科技强国建言献策，为走出一条更好的中国特色科技强国之路鼓与呼。

图书在版编目（CIP）数据

建设科技强国 / 颜晓峰，谭小琴著. —北京：中国青年出版社，2022.5
ISBN 978-7-5153-6635-7

Ⅰ.①建… Ⅱ.①颜… ②谭… Ⅲ.①科技发展 – 研究 – 中国 Ⅳ.①N12

中国版本图书馆CIP数据核字（2022）第090514号


"问道·强国之路"丛书
《建设科技强国》
作　　者　颜晓峰　谭小琴

责任编辑　陆遥
出版发行　中国青年出版社
社　　址　北京市东城区东四十二条21号（邮政编码 100708）
网　　址　www.cyp.com.cn
编辑中心　010-57350403
营销中心　010-57350370
经　　销　新华书店
印　　刷　北京中科印刷有限公司
规　　格　710×1000mm　1/16
印　　张　11.5
字　　数　88.5千字
版　　次　2022年9月北京第1版
印　　次　2022年9月北京第1次印刷
定　　价　40.00元


本图书如有印装质量问题，请凭购书发票与质检部联系调换。电话：010-57350337